WERKSTATTBÜCHER

FÜR BETRIEBSFACHLEUTE, KONSTRUKTEURE UND STUDIERENDE

HERAUSGEBER DR.-ING. H. HAAKE, HAMBURG

HEFT 7

Glühen, Härten und Vergüten des Stahles

Von

Dipl.-Ing. Werner Malmberg

Baurat, Hamburg

Siebente völlig umgearbeitete Auflage
des vorher von **H. Herbers** † verfaßten Heftes
„Härten und Vergüten des Stahles"
(44. bis 50. Tausend)

Mit 87 Abbildungen

Springer-Verlag

Berlin / Göttingen / Heidelberg

1961

ISBN-13: 978-3-540-02769-0   e-ISBN-13: 978-3-642-94836-7
DOI: 10.1007/978-3-642-94836-7

Inhaltsverzeichnis

Seite

Vorwort 3

I. Aufgabenstellung für die Wärmebehandlung 3
    1. Anforderungen der Konstruktion S. 3. — 2. Anforderungen der Werkstatt S. 4.

II. Gefügeaufbau des Stahles 4
    A. Kristall und Raumgitter 4
       3. Kristallines Gefüge der Metalle S. 4. — 4. Der Feinbau der Kristalle S. 5. — 5. Das Raumgitter des reinen Eisens S. 5.
    B. Gefüge der Eisen-Kohlenstoff-Legierungen nach langsamem Abkühlen 6
       6. Bruchaussehen und Gefügebild S. 6. — 7. Gefüge bei gewöhnlicher Temperatur S. 7. — 8. Gefüge bei höherer Temperatur S. 7. — 9. Gefügeumwandlung bei langsamer Abkühlung und Erwärmung S. 8. — 10. Physikalische Erscheinungen bei langsamer Abkühlung oder Erwärmung S. 9.
    C. Gefüge nach raschem Abkühlen und Anlassen 11
       11. Gefügegleichgewicht S. 11. — 12. Gefüge nach beschleunigtem Abkühlen (Abschrecken) S. 11. — 13. Kritische Abkühlungsgeschwindigkeit S. 12. — 14. Gefüge nach verschieden hohen Abkühlungsgeschwindigkeiten S. 12. — 15. Gefügeumwandlung bei gleichbleibender Temperatur S. 13. — 16. Gefügeänderungen beim Anlassen S. 14. — 17. Raumänderung durch Abschrecken S. 14.

III. Glühen des Stahles 15
    18. Normalglühen S. 15. — 19. Weichglühen S. 16. — 20. Spannungsfreiglühen S. 17. — 21. Rekristallisationsglühen S. 18. — 22. Sonstige Glühverfahren S. 18. — 23. Fehler beim Glühen S. 18.

IV. Durchhärten und Vergüten 20
    A. Durchhärten 20
       24. Grundbegriffe S. 20. — 25. Der Einfluß des Abschreckens auf die mechanischen Kennwerte S. 21. — 26. Einfluß der Abschrecktemperatur S. 23. — 27. Die richtigen Abschrecktemperaturen S. 24. — 28. Abschrecktemperatur und Durchhärtung S. 25. — 29. Warmbadhärtung S. 26. — 30. Sonstige Härteverfahren S. 27. — 31. Nachbehandlung zu härtender Teile S. 28.
    B. Vergüten 29
       32. Wirkung des Anlassens S. 29. — 33. Anlassen von hochgekohltem Stahl (Werkzeugstahl) S. 30. — 34. Anlassen von niedrig gekohltem Stahl (Baustahl) S. 30. — 35. Anlaßsprödigkeit S. 31. — 36. Isotherme Vergütung S. 31.

V. Oberflächenhärten 33
    A. Einsatzhärten 33
       37. Bedeutung des Einsatzhärtens S. 33. — 38. Der Kohlungsvorgang S. 34. — 39. Die aufgekohlte Schicht S. 34. — 40. Kohlungsdauer und -temperatur S. 35. — 41. Härtebehandlungen S. 36.
    B. Härteverfahren mit örtlicher Erwärmung 37
       42. Flammenhärten S. 38. — 43. Induktionshärten S. 38. — 44. Tauchhärten S. 38.
    C. Diffusionshärten 39
       45. Nitrieren S. 39. — 46. Karbonitrieren S. 40. — 47. Inchromieren S. 40.

VI. Die gebräuchlichsten Stahlwerkstoffe und ihre Verarbeitung 40
    A. Werkstoffe und Wärmebehandlung 40
       48. Einteilung S. 40. — 49. Wirkungen der Legierungselemente S. 41. — 50. Baustähle S. 42. — 51. Werkzeugstähle S. 47. — 52. Schnellarbeitsstähle S. 49.
    B. Werkstoffprüfungen zur Wärmebehandlung 53
       53. Härteprüfung S. 53. — 54. Härtbarkeitsprüfung S. 54. — 55. Stirnabschreckprobe S. 55. — 56. Kohlungsverhalten S. 55.
    C. Zeichnungsangaben zur Wärmebehandlung 56
       57. Anforderungen an die Zeichnung S. 56. — 58. Angaben zur Behandlungsart S. 57. — 59. Angaben über Härtewerte S. 59. — 60. Angaben zur Härtetiefe S. 60.

VII. Formänderungen und Spannungen 61
    A. Auswirkung von Temperaturunterschieden 61
       61. Vorgänge beim Erwärmen S. 61. — 62. Vorgänge beim Abschrecken S. 62.
    B. Temperaturunterschiede und gleichzeitige Gefügeumwandlung 65
       63. Raumvergrößerung durch Gefügeumwandlung S. 65. — 64. Folgen der Formänderungen und Spannungen S. 66. — 65. Maßnahmen zur Minderung von Formänderungen und Spannungen S. 67.

Zeitangaben: s = Sekunde, min = Minute, h = Stunde.

Bezeichnungen: Al = Aluminium, C = Kohlenstoff, Co = Kobalt, Cr = Chrom, Cu = Kupfer, Fe = Eisen, H = Wasserstoff, Mg = Magnesium, Mn = Mangan, Mo = Molybdän, N = Stickstoff, Na = Natrium, Ni = Nickel, O = Sauerstoff, Si = Silizium, Ti = Titan, V = Vanadium, W = Wolfram, P = Phosphor, S = Schwefel.

Griechische Buchstaben: Alpha, Beta, Gamma, Delta, Epsilon, Lambda, My, Pi, Rho, Sigma, Phi, Psi

$$\alpha \quad \beta \quad \gamma \quad \varDelta\, \delta \quad \varepsilon \quad \lambda \quad \mu \quad \pi \quad \varrho \quad \sigma \quad \varphi \quad \psi$$

Als Einheit der Kraft ist nach DIN 1314 das Kilopond = kp (statt bisher kg) verwendet. kp/mm² = Kilopond/Quadratmillimeter.

Die Wiedergabe von Gebrauchsnamen, Handelsnamen, Warenbezeichnungen usw. in diesen Buche berechtigt auch ohne besondere Kennzeichnung nicht zu der Annahme, daß solche Namen im Sinne der Warenzeichen- und Markenschutz-Gesetzbuch als frei zu betrachten wären und daher von jedermann benutzt werden dürften. — Alle Rechte, insbesondere das der Übersetzung in fremde Sprachen, vorbehalten. Ohne ausdrückliche Genehmigung des Verlages ist es auch nicht gestattet, dieses Buch oder Teile daraus auf photomechanischem Wege (Photokopie, Mikrokopie,) zu vervielfältigen. — Printed in Germany.

Vorwort

Glühen, Härten und Vergüten sind die wichtigsten Verfahren der Wärmebehandlung. Ihre Anwendung führt bei der Konstruktion zu einer Veredelung des Stahls und bei der Verarbeitung zu Erleichterungen. Grundlegende Kenntnisse sind daher gleichermaßen für den Konstrukteur und den Betriebsmann erforderlich. Der Schleier des Geheimnisvollen, der heute noch vielfach die Vorgänge einer Wärmebehandlung umgibt, ist in einer modernen Fertigung untragbar. Zu fordern sind klare Beherrschung aller Vorgänge und ihre sichere Wiederholbarkeit. So will dieses Heft helfen, in einfacher Darstellung in das Geschehen einzuführen. Besonderer Wert wurde auf die Ausrichtung der Begriffe nach den Deutschen Normen[1] und dem Fachschrifttum gelegt.

Die vorliegende siebente Auflage[2] dieses Heftes ist eine weitgehende Neubearbeitung der sechsten. Bei dem festliegenden Umfang war ein Eingehen auf die Neuentwicklungen der Wärmebehandlung nur möglich durch Kürzen von Stellen, die in anderen Heften dieser Sammlung ausführlicher zur Verfügung stehen. Entsprechende Hinweise gestatten eine weitere Vertiefung. Den Erfahrungen der vorhergehenden Verfasser wurden eigene hinzugefügt.

I. Aufgabenstellung für die Wärmebehandlung

1. Anforderungen der Konstruktion. Für die Bemessung und Gestaltung der Bauteile ist in der Hauptsache die statische oder dynamische Festigkeit maßgebend, so daß unter sonst gleichen Umständen die Abmessungen und damit das Gewicht um so kleiner werden, je höhere Festigkeit der gewählte Stahl hat. Die *zulässige Belastung* kann immer nur ein Bruchteil der Festigkeit sein. Sie muß auf jeden Fall unter der Fließgrenze bleiben, weil sonst bleibende Formänderungen entstehen. Man hat demnach ein Interesse an einer möglichst hoch liegenden Fließgrenze, die meist als Streckgrenze vorliegt, um den Werkstoff besser auszunutzen. Als Kennwert für diese Nutzbarkeit dient das Streckgrenzenverhältnis σ_S/σ_B.

Bruchdehnung, *Einschnürung* und *Kerbzähigkeit* können unmittelbar zur Berechnung nicht benutzt werden, wohl aber sind sie als Sicherung von erheblicher Bedeutung: eine große Dehnung verhindert Rißbildung bei Beanspruchung über der Streckgrenze, und die Einschnürung kann als Maß für die Formänderungsfähigkeit gelten, die unmittelbar Sicherheit gegen Bruch gibt. Bei Stoßbeanspruchung gibt die Einschnürung bzw. die Kerbzähigkeit ein Maß für die Sicherheit.

Die *Härte* ist wichtig bei Pressungen an Lagern, Führungen, Zahnrädern usw. Bei gleitendem Verschleiß wird die Oberfläche im allgemeinen um so härter sein müssen, je größer die Gefahr des Verschleißes ist. Ein gesetzmäßiger Zusammen-

---

[1] Die Normblattangaben werden mit Genehmigung des Deutschen Normenausschusses wiedergegeben. Maßgebend ist die jeweils neueste Ausgabe des Normblattes im Normformat A 4, die vom Beuth-Vertrieb GmbH, Berlin W 15 und Köln zu beziehen ist. Die Entnahme von Werkstoffangaben aus den Stahl-Eisen-Werkstoffblättern ist genehmigt vom Verlag Stahleisen m. b. H., Düsseldorf, wo auch die Blätter selbst erhältlich sind.

[2] Die ersten drei Auflagen dieses Werkstattbuches wurden von Dr. Ing. EUGEN SIMON bearbeitet und sind 1921, 1923 und 1930 erschienen. Die folgenden drei Auflagen bearbeitete Ingenieur-Chemiker HUGO HERBERS († 18. 5. 1958); sie erschienen 1938, 1947 und 1953.

hang zwischen Härte und *Verschleißwiderstand* besteht jedoch nicht. Der Verschleiß wird durch die Art des Gegenstoffes und etwaiger Zwischenstoffe bestimmt.

Die Konstruktion fordert nun von Fall zu Fall eine oder mehrere der genannten Eigenschaften. Es muß betont werden, daß die Wärmebehandlung dieses Ziel ohne Gewichtserhöhung des Bauteils erreicht. Die Kosten der Behandlung werden entscheidend vom Stückgewicht beeinflußt (Wärmeaufnahme), seltener vom Zeitaufwand.

2. Anforderungen der Werkstatt. *Festigkeit, Härte* und *Zähigkeit* sind von großem Einfluß auf die Bearbeitbarkeit des Werkstoffes. Bei der *Umformung* wie Biegen, Pressen, Tiefziehen usw. *muß* die Streckgrenze überschritten werden, um eine bleibende Verformung zu erhalten. Die umformende Fertigung erstrebt daher — im Gegensatz zur Konstruktion — eine niedrig liegende Streckgrenze, um die Verformungskräfte klein zu halten. In der *Warmformung* wird dies erreicht durch eine hohe Verformungstemperatur, so daß schon verhältnismäßig geringe Kräfte ausreichen, um starke Verformungen herbeizuführen (z. B. Warmwalzen, Schmieden). Bei der *Kaltformung* gelten *Einschnürung* und *Dehnung* als Maß für die Zähigkeit. Eintretende Versprödungen werden durch Wärmebehandlung wieder beseitigt.

Beim *Abspanen* mit Schneidwerkzeugen kommt es darauf an, den Werkstückstoff mehr oder weniger leicht in die vorgeschriebene Form zu bringen (Zerspanbarkeit): je größer die Härte und Zähigkeit, um so schlechter die Zerspanbarkeit; jedoch gilt das nicht allgemein[1], wie überhaupt eine einfache Beziehung zwischen Bearbeitbarkeit und diesen mechanischen Eigenschaften nicht besteht.

Mit demselben Vorbehalt sind Härte und Zähigkeit eines *Werkzeugstoffes* auch maßgebend für dessen Schneidhaltigkeit, d. i. für die Lebensdauer oder Standzeit der Schneide. Dabei kommt es auf diejenige Härte an, die die gehärtete Schneide bei ihrer Arbeitstemperatur noch hat. Ausdrücklich sei hervorgehoben, daß wirkliche Kennwerte der Zerspanbarkeit eines Werkstückes bzw. der Schneidhaltigkeit des Werkzeuges nur durch unmittelbare Schnittversuche bestimmt werden können, bei denen die Schnittkräfte und besonders die Standzeit des Werkzeuges gemessen werden[2]. Allgemein anerkannte Kurzprüfverfahren gibt es noch nicht.

Die *Härte*, vielmehr die Härteprüfung, ist ferner ein sicheres und bequemes Mittel, die Auswirkung einer Wärmebehandlung in der Werkstatt zu überwachen, d. h. Richtigkeit und Gleichmäßigkeit der Werkstoffe festzustellen. Stehen Prüfstäbe zur Verfügung, so ist, besonders in Zweifelsfällen, die *Bruchprobe* sehr geeignet, um vor allem Fehler einer Wärmebehandlung herauszufinden.

II. Gefügeaufbau des Stahles
A. Kristall und Raumgitter

3. Kristallines Gefüge der Metalle. Alle metallischen Baustoffe bestehen aus Kristallen. Nichtkristalline, sog. amorphe Körper, sind selten (z. B. Glas und Bernstein). Die Kristalle, die das Gefüge des (ausgeglühten) Metalles bilden, sind kleine rundliche Körner, die ohne regelmäßige Begrenzungsflächen nebeneinander liegen. Beim Erstarren des geschmolzenen Metalles beginnen nämlich an vielen Punkten (den Kristallkeimen) die Kristalle zu wachsen. Sie dehnen sich alle soweit aus, bis sie an die benachbarten anstoßen und so sich gegenseitig am Weiterwachsen

---

[1] Austenitische Stähle, Manganhartstähle u. a. m. haben niedrige Härte, aber hohe Zähigkeit; sie sind schwer bearbeitbar.

[2] Näheres s. Werkstattbuch H. 61: KREKELER, Die Zerspanbarkeit der Werkstoffe, 3. Aufl.

hindern. Daraus ergibt sich auch die unregelmäßige, zufällige Form der Begrenzungsflächen. Abb. 1 zeigt ein einzelnes (gezeichnetes) Kristallkorn von reinem Eisen. Form wie Größe der Körner schwanken stark und können durch äußere Einwirkung (Wärme bzw. Veränderung der Abkühlungsgeschwindigkeit und mechanische Kräfte) in gewissen Grenzen willkürlich verändert werden. Das Maß a liegt meist zwischen etwa $1/100$ und $1/5$ mm. Abb. 5 zeigt nach einer photographischen Aufnahme in 400facher Vergrößerung[1] das Gefüge von reinem Eisen; man erkennt deutlich die Grenzen der einzelnen Körner. Abb. 2 stellt dagegen schematisch eine Stelle dar, an der drei Kristallkörner zusammenstoßen. Die kleinen Kreise bezeichnen die Stellen (Keime), von denen aus die Kristalle nach jeder Richtung hin gewachsen sind.

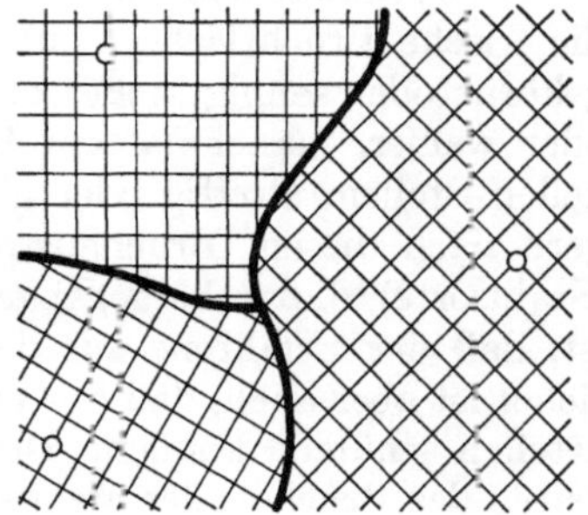

Abb. 1. Kristallkorn (nach VOLK)

4. Der Feinbau der Kristalle. Wir wissen heute, daß das Wesen des Kristalles in der Regelmäßigkeit der Anordnung der kleinsten Stoffteilchen (Atome oder Atomgruppen), dem sog. Raumgitter, liegt. Beim kubischen Raumgitter liegen die Atome (in Abb. 3 durch die Kugeln dargestellt) so zueinander, als ob sie in den Eckpunkten von lauter kleinen Würfeln säßen. Diese Würfel, die unmittelbar aneinanderliegend zu denken sind, bilden die Elementarzellen des Gitters. Die Kantenlänge einer solchen Zelle ist ungemein klein (3 bis 4 Hundertmillionstel mm). Während in ein und demselben Kristall die Zellen überall die gleiche, parallele Lage im Raumgitter haben, unterscheiden sich die verschiedenen Kristalle durch die Verschiedenheit der Lage ihrer Raumgitter, wie das in Abb. 2 durch die feinen Liniennetze dargestellt ist.

Bei einer gewaltsamen Zerstörung des Kristallgefüges (z. B. Zerreißen) verläuft die Trennlinie eines gesunden Korngefüges durch die Kristalle hindurch (transkristalliner Bruch). Erst bei einer Schädigung des Korngefüges, wie sie bei einer Überhitzung auftreten kann, wird die Verbindung an den Korngrenzen gelockert. Die Bruchlinie verläuft dann an den Korngrenzen entlang (interkristalliner Bruch). In einem gesunden Korngefüge ist daher die Haltekraft zwischen den nicht ausgerichteten Zellen benachbarter Kristalle infolge ihrer Verfilzung größer als zwischen den gleichgerichteten Zellen des gleichen Kristalls. Man ist daher bemüht, Gefüge mit feinem Korn zu erzielen, wobei viele Korngrenzen vorhanden sind und somit der Einfluß der größeren Haltekräfte an den Korngrenzen überwiegt. Praktisch bedeutet das, daß ein Gefüge mit feinerem Korn eine höhere Festigkeit besitzt als ein solches mit grobem Korn.

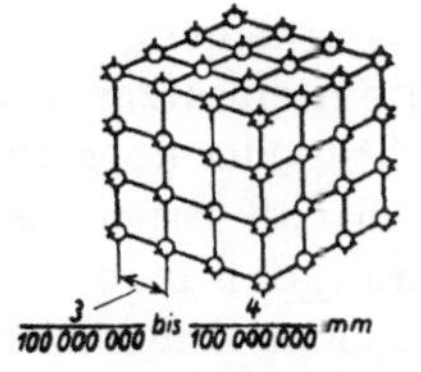

Abb. 2. Kristallkörner, schematisch

Abb. 3. Kubisches Raumgitter, schematisch (nach VOLK)

5. Das Raumgitter des reinen Eisens. Das reine Eisen hat zwei verschiedene Raumgitter, deren beider Grundform der Würfel ist. Bei dem einen Gitter, dem „raumzentrierten", sitzen außer in den Ecken des Würfels noch Atome in seinem Schwerpunkt, also in seinem Mittelpunkt (Abb. 4a), bei dem anderen, dem „flächenzentrierten", sitzen noch Atome in der Mitte jeder Würfelfläche (Abb. 4b). Das Eisen mit dem raumzentrierten Gitter nennt man α-Eisen, das mit dem flächen-

---

[1] Die Vergrößerung wird bei allen Gefügebildern durch den Abbildungsmaßstab unten rechts angegeben (z. B. 400:1)

zentrierten Gitter γ-Eisen. α-Eisen ist magnetisch, γ-Eisen unmagnetisch; γ-Eisen hat für verschiedene Elemente sehr viel größere Lösungsfähigkeit als α-Eisen (das γ-Gitter stellt praktisch einen leeren Behälter dar). So kann γ-Eisen Kohlenstoff bis zu 1,7% lösen, α-Eisen nur bis zu 0,02%. Im γ-Eisen sind die Atome dichter gepackt, es nimmt weniger Raum ein als α-Eisen.

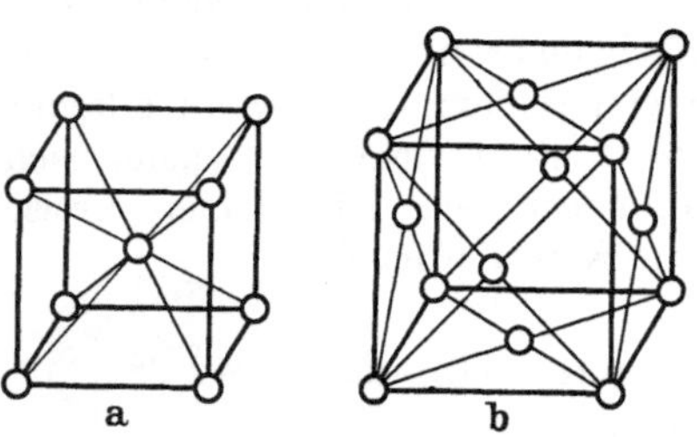

Abb. 4a u. b. Kubische Raumgitterelemente
a) raumzentriertes-Eisen; b) flächenzentriertes-Eisen

Das Kristallgefüge des γ- und α-Eisens ist je an einen bestimmten Temperaturbereich gebunden: α-Eisen ist bis hinauf zu 900° beständig, γ-Eisen von 900···1400°. Beim Erwärmen bzw. beim Abkühlen wandeln sich also bei den entsprechenden Temperaturen, den sog. „Haltepunkten", die Kristalle von selbst um, jedoch nicht sprunghaft, sondern allmählich (und ebenso die Eigenschaften).

B. Gefüge der Eisen-Kohlenstoff-Legierungen nach langsamem Abkühlen

6. Bruchaussehen und Gefügebild. Bricht man ein Stück Stahl durch, so ist die frische Bruchfläche mehr oder weniger uneben und zackig, verschieden grob gekörnt oder sehnig, heller oder dunkler, matter oder glänzender, blauer, grüner oder weißer, manchmal am Rand und im Kern verschieden, mit dunklen oder hellen Stellen, streifig oder gleichmäßig usw. Der Praktiker beurteilt den Stahl gern nach diesem Bruchaussehen, indem er aus ihm auf die Zusammensetzung (Stahlsorte), die vorhergegangene Behandlung und auch auf Fehler schließt. Sicher ist, daß der Erfahrene aus dem frischen Bruch manches richtig erkennen kann, sicher ist aber auch, daß nur große Vorsicht und Selbstbeschränkung ihn vor Fehlurteilen schützen können. Denn nicht nur, daß das Bruchaussehen von Zufälligkeiten des Bruches, der Menge der Nebenbestandteile, kleinen Ungleichheiten und der Beleuchtung beim Ansehen abhängt, es hat vor allem der Probenquerschnitt und die Art, wie gebrochen wird, einen großen Einfluß: ob durch einmaliges Biegen, mehrmaliges Hin- und Herbiegen, Zerreißen, Schlagen mit und ohne Einkerbung. Zweifellos kann man am Bruchaussehen (Bruchgrobgefüge, Bruchkorn) unter bestimmten Bedingungen den Härtegrad (C-Gehalt) und die Art der Wärmebehandlung erkennen, z. B. ob ein Stahl richtig geglüht, überhitzt oder verbrannt ist, ob ein einsatzgehärteter Stahl im Kern richtig vergütet, ein hochgekohlter Stahl richtig oder überhitzt gehärtet ist. Deshalb wird im folgenden an mehreren Stellen auch daß Bruchaussehen zur Beurteilung herangezogen. Das ändert aber nichts daran, daß man am Bruchaussehen das eigentliche Gefüge, besonders auch wie es vor dem Bruch war, nicht immer erkennen und seine Veränderungen auch nicht verfolgen kann.

Seit etwa 4 Jahrzehnten hat man gelernt, das Gefüge für jedes Metall sichtbar zu machen: man schafft durch Sägen, Feilen und Schleifen an dem Metall eine ebene Fläche, die man immer feiner schleift und dann poliert. An dieser Schliffläche kann man schon ohne weiteres manche Gefügebestandteile und Mängel, wie Risse, Seigerungen, grobe Schlackeneinschlüsse u. dgl. erkennen. Um das Gefüge aber zu entwickeln, wird der „Schliff" noch geätzt. Das so entstehende Bild studiert man zunächst mit bloßem Auge, dann mit der Lupe, um das Gefüge im ganzen zu prüfen, und benutzt schließlich das Mikroskop mit Vergrößerungen bis zu 2000fach und mehr, um das Kleingefüge bis in die letzten Einzelheiten zu erkennen. Abb. 5 und die noch folgenden Gefügebilder sind photographische Aufnahmen solcher Schliffe durch das Mikroskop. Die Technik der Herstellung dieser Schliffe, ihre Untersuchung und Deutung ist zu einer besonderen Wissenschaft geworden, der *Metallographie*.[1]

---

[1] Näheres s. Werkstattbuch H. 64: Mies, Metallographie, 3. Aufl., H. 121: Kauczor, Metall unter dem Mikroskop, und H. 119: Kauczor, Metallographische Arbeitsverfahren.

Neben der Bruchbeurteilung sind metallographische Untersuchungen an wärmebehandelten Teilen aufschlußreich und häufig die einzige Möglichkeit, über Erfolg oder Mißerfolg zu entscheiden.

7. Gefüge bei gewöhnlicher Temperatur. Kennzeichnend für das Gefüge des Stahles ist zweierlei: erstens, daß es nicht aus lauter gleichartigen Kristallen besteht, die aus Eisen und Kohlenstoff im Verhältnis der Legierung gemischt sind (Mischkristalle), zweitens, daß der Kohlenstoff nie anders als in chemischer Verbindung mit Eisen, und zwar als Eisenkarbid Fe_3C (mit 6,67% C) auftritt.

Bei einem Kohlenstoffgehalt *unter* 0,9% besteht das Gefüge aus reinen α-Eisenkristallen, zwischen die ein anderer Gefügebestandteil, der den Kohlenstoff enthält, eingelagert ist. Dieser Bestandteil ist aber nicht reines Eisenkarbid, sondern ein feines Gemenge aus Eisenkarbid und α-Eisen, das in dünnen Schichten (Lamellen) abwechselnd übereinander gelagert ist. Das Mengenverhältnis des Eisenkarbids zum Eisen ist dabei in diesem Gemenge stets so, daß der Gehalt an Kohlenstoff 0,9% beträgt. Seines perlmutterartigen Glanzes wegen hat dieses Gemenge in

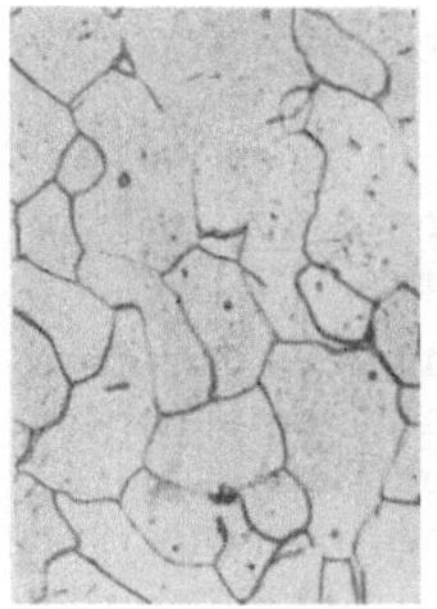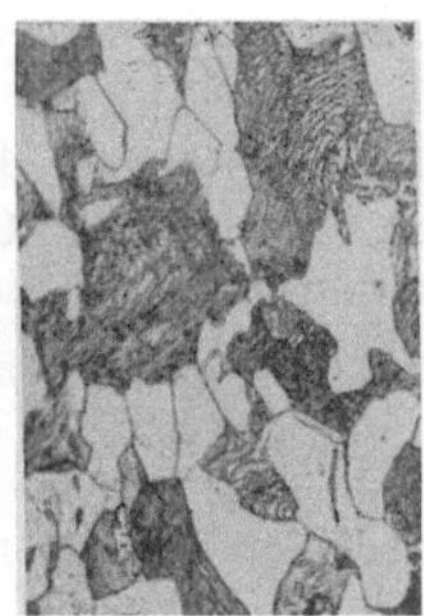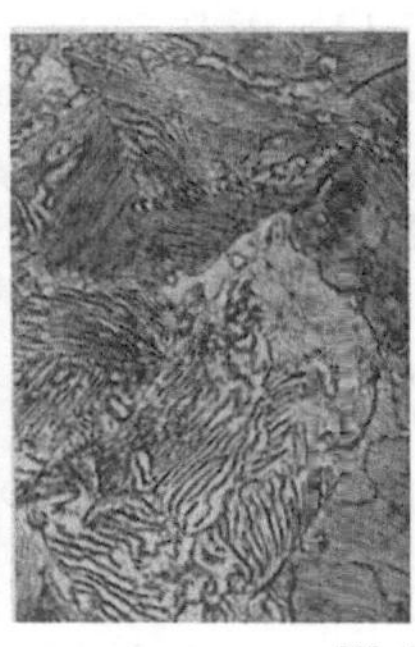

<table>
<tr><td align="center">400:1
Abb. 5. Reines Eisen
(Ferrit)</td><td align="center">400:1
Abb. 6. Untereutektoider
Stahl mit 0,4% C, Ferrit
(weiß) und Perlit</td><td align="center">400:1
Abb. 7. Eutektoider Stahl
mit 0,9% C, Perlit,
hier streifig</td><td align="center">400:1
Abb. 8.   Übereutektoider
Stahl mit 1,3% C, Perlit
mit Zementitnetz (weiß)</td></tr>
</table>

der Metallographie die Bezeichnung „Perlit" erhalten und wegen der Schichtung im besonderen: „streifiger (oder lamellarer) Perlit". Ferner wird α-Eisen mit „Ferrit" und Eisenkarbid mit „Zementit" bezeichnet, so daß also streifiger Perlit aus abwechselnden Schichten von Ferrit und Zementit besteht (Abb. 7: Ferrit hell, Zementit dunkel). Die Menge von Perlit wächst in der Legierung mit dem Kohlenstoffgehalt so lange, bis bei 0,9% C das ganze Gefüge nur noch Perlit aufweist. Bei *mehr* als 0,9% C besteht das Gefüge aus Perlit mit eingelagertem freiem Zementit in Form von Körnern, Knochen oder einem Netzwerk[1]. Je höher der Kohlenstoffgehalt über 0,9% hinausgeht, um so mehr freier Zementit ist vorhanden.

Der nur aus Perlit bestehende Stahl heißt „eutektoider" Stahl, der aus Perlit und Ferrit „untereutektoider", der aus Perlit und Zementit „übereutektoider". Abb. 5 bis 8 zeigen Gefügebilder. Von den erwähnten drei Gefügebestandteilen ist Zementit der härteste, Ferrit der weichste. Die Härte des Perlits liegt dazwischen, jedoch näher an der des Ferrits.

8. Gefüge bei höherer Temperatur. Um den Einfluß der Wärmebehandlung auf das Gefüge zu verstehen, muß man auch wissen, wie es bei höheren Temperaturen beschaffen ist. Das Gefüge, das wir im vorhergehenden Abschnitt kennengelernt haben, ist erst unterhalb 721° vorhanden (Perlitpunkt).

---

[1] Das Zementitnetz in Abb. 8 ist durch hohe Warmformungstemperatur und langsames Abkühlen entstanden.

Mischkristalle. Wenn abgekühlter Stahl wieder über 721° erwärmt wird, so besteht sein Gefüge aus lauter gleichartigen, nebeneinander gelagerten Körnern (Abb. 9), „Austenit" genannt, die im Bilde ebenso als Vielecke erscheinen, wie der Ferrit in Abb. 5.[1] Der Unterschied besteht darin, daß Austenit kein elementarer Stoff, sondern eine atomare Mischung von Eisen und Kohlenstoff ist und zwar in jedem Korn die gleiche Menge, entsprechend dem Kohlenstoffgehalt der Legierung. Derartige Kristalle heißen Mischkristalle. Austenit ist, als weiterer Unterschied gegenüber Ferrit, nicht α-Eisen, sondern infolge der höheren Temperatur γ-Eisen. Aus Abschnitt 5 wissen wir, daß γ-Eisen Kohlenstoff lösen kann. Tatsächlich haben wir es beim Austenit mit einer Lösung zu tun: der Kohlenstoff ist im γ-Eisen gelöst wie Zucker im Wasser, nur daß die Lösung hier fest ist. Eine derartige „feste Lösung" unterscheidet sich außer durch den festen Zustand in nichts von einer flüssigen, wodurch es auch verständlich wird, daß man im Austenit γ-Eisen und Kohlenstoff nicht voneinander unterscheiden kann, auch mit den schärfsten Mikroskopen nicht.

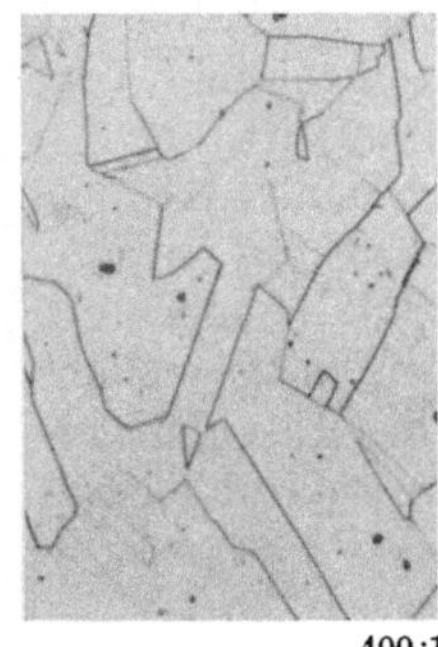

400:1

Abb. 9. Austenit

Von den Eigenschaften des *Austenits* ist bemerkenswert, daß er weich ist, daß seine Streckgrenze verhältnismäßig niedrig ist, und daß er im Gegensatz zum Perlit unmagnetisch ist. Die Ursache liegt im Gitteraufbau des γ-Eisens.

9. Gefügeumwandlung bei langsamer Abkühlung und Erwärmung. Betrachten wir zunächst den Austenit mit 0,9% C, also den eutektoiden Stahl. Er bleibt bei allmählichem Abkühlen bis 721° bestehen, dann aber tritt bei weiterer Abkühlung eine Umwandlung ein[2]: die Mischkristalle zerfallen zu dem feinen Gemenge von Ferrit und Zementit des uns schon bekannten streifigen Perlits (Abb. 7). Dieses Gefüge bleibt dann bei weiterer Abkühlung unverändert bestehen. Beträgt dagegen der Kohlenstoffgehalt der festen Lösung mehr oder weniger als 0,9%, so geht die Umwandlung anders vor sich: sie beginnt erstens schon früher als bei 721°, und zwar um so früher, je weiter sich der Kohlenstoffgehalt nach oben oder unten von 0,9% entfernt. Zweitens zerfällt die feste Lösung nicht mit einem Male, sondern allmählich während eines Temperaturbereiches, indem sich zunächst eine winzige Menge eines Gefügebestandteils ausscheidet. Dieser Bestandteil ist bei weniger als 0,9% C Ferrit, bei mehr als 0,9% C Zementit. Die Ausscheidung nimmt mit sinkender Temperatur zu und hat zur Folge. daß die zurückbleibende feste Lösung ihre Zusammensetzung ändert, ebenso wie heißes Zuckerwasser seine Zusammensetzung ändert, wenn beim allmählichen Abkühlen sich fester Zucker ausscheidet. Bei Eisen mit weniger als 0,9% C wird durch das Ausscheiden von Ferrit die zurückbleibende Lösung reicher an C, bei Eisen mit mehr als 0,9% C wird sie durch das Ausscheiden von Zementit ärmer an C, so daß sich also in beiden Fällen ihre Zusammensetzung der eutektoiden mit 0,9% C nähert. Ist schließlich die Temperatur bis auf 721° gesunken, so hat in beiden Fällen die zurückbleibende Lösung die eutektoide Zusammensetzung. Hier zerfällt, wie wir wissen, die eutektoide Lösung zu streifigem Perlit. Somit ergeben sich für langsam (an Luft) abgekühlte Stähle bei Temperaturen unter 721° die früher bereits angegebenen Kleingefüge: Perlit bei Stahl mit 0,9% C, Perlit und Ferrit bei Stahl mit weniger als 0,9% C, Perlit und Zementit bei Stahl mit mehr als 0,9% C.

---

[1] Austenit hat scharfkantige, Ferrit abgerundete Vielecke.

[2] Die auch weiter unten besprochenen Umwandlungstemperaturen können ein wenig schwanken durch Zusatz von Mn, Cr, Ni, W u. dgl.

In Abb. 10 sind auf der waagerechten Achse die Gewichtsanteile an Kohlenstoff aufgetragen, auf der senkrechten Achse die Temperaturen, bei denen die besprochenen Gefügeumwandlungen vor sich gehen[1]. Die Linie *GS* gibt die Temperaturen an, bei denen für Stahl mit weniger als 0,9% C die Ausscheidung von Ferrit beginnt, die Linie *SE* die Temperaturen, bei denen für Stahl mit mehr als 0,9% C die Ausscheidung von Zementit beginnt. Die gerade Linie *PK* gibt die für alle Stähle gleiche Temperatur an, bei der die eutektoide Lösung (mit 0,9% C) sich in Perlit umzuwandeln beginnt (Perlitlinie). Zieht man also von irgendeinem Punkte der waagerechten Achse, d. h. für einen Stahl mit einem bestimmten Kohlenstoffgehalt, eine Linie senkrecht nach oben (Kennlinie), so schneidet diese die Umwandlungslinien in denjenigen Punkten, die die Temperaturen für Beginn und Ende der Umwandlungen dieses Stahles angeben und die als *Haltepunkte* bezeichnet werden. So schneidet z. B. für einen Stahl mit 0,5% C die Kennlinie die obere Umwandlungslinie (*GS*) in Punkt *1* (≈820°), den Beginn der Ferritausscheidung anzeigend, und die untere Umwandlungslinie (*PS*) in Punkt *2* (721°), das Ende der Ferritausscheidung und den Zerfall des restlichen Austenits anzeigend. Für Stahl mit 0,9% C geht die Kennlinie durch Punkt *S*, ohne die Umwandlungslinien sonst noch zu schneiden, entsprechend der unmittelbaren Umwandlung des Austenits in Perlit. Für Stahl mit 1,25% C dagegen schneidet die Kennlinie die Umwandlungslinien wieder in zwei Punkten: die obere in *1*, den Beginn der Zementitausscheidung anzeigend, die untere in *2*, das Ende der Zementitausscheidung und den Zerfall des restlichen Austenits anzeigend. Abb. 10 gibt im oberen Teil die Arten und im unteren Teil die Mengen der Gefügebestandteile an, die bei den verschiedenen Temperaturen im Stahl mit verschiedenen Kohlenstoffgehalten entstehen.

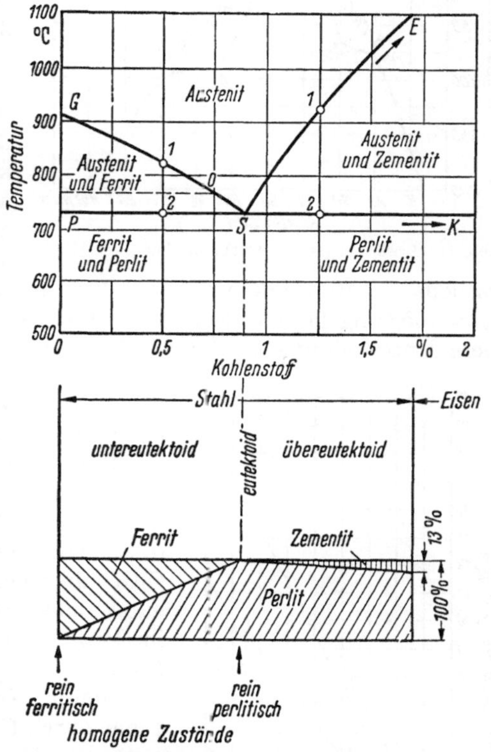

Abb. 10. Umwandlungsschaubild (Ausschnitt) der Eisen-Kohlenstoff-Legierungen im Stahlbereich. Gefügezustände, Bezeichnungen und Mengendiagramm

Die Linie *GSE* wird von den oberen Haltepunkten gebildet, die Linie *PSK* von den unteren. Der Kürze halber bezeichnet man die oberen Haltepunkte[2] mit A_3, die unteren mit A_1, und zwar genauer beim Erwärmen mit A_{c3} bzw. A_{c1} und beim Abkühlen mit A_{r3} bzw. A_{r1}.

10. Physikalische Erscheinungen bei langsamer Abkühlung oder Erwärmung.

Wärmeerscheinungen. Die Umwandlungsvorgänge sind stets mit Wärme- und Raumgitteränderungen verbunden: Wärme entsteht und wird frei, wenn

---

[1] Für Legierungen mit C-Gehalt unter 0,05% ist der Verlauf vereinfacht dargestellt.
[2] *A* von franz. arrêt = Anhalt, Halt; *c* von chauffage = Erhitzung; *r* von refroidissement = Abkühlung.

Austenit zerfällt, Wärme wird gebunden, d. h. verbraucht, wenn sich Austenit bildet. Erwärmt man ein Stück Stahl und läßt es langsam abkühlen, mißt von Zeit zu Zeit die Temperatur und zeichnet sie in Abhängigkeit von der Zeit auf, so erhält man einen Verlauf wie in Abb. 11, d. h. die Kurve gibt für jeden Augenblick die zusammengehörigen Werte der Abkühlungszeit und der Temperatur an. Die Kurve, die bei langsamem Erwärmen entsteht, kann grundsätzlich das Spiegelbild der Abkühlungskurve sein, jedoch mit einem Unterschied: Die Haltepunkte liegen beim Erwärmen etwas höher als beim Abkühlen. Das ist aus der Kurve in Abb. 11 deutlich zu erkennen, die für einen Stahl mit 1,15% C aufgenommen ist, allerdings nur zwischen den Temperaturen 600° und 850°, so daß nur die unteren Haltepunkte erscheinen.

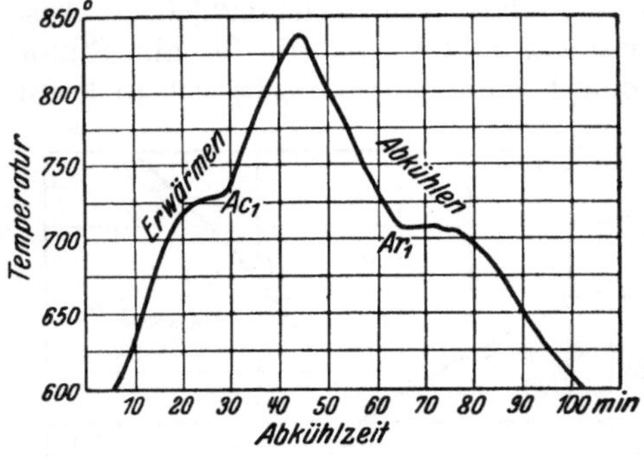

Abb. 11. Erwärmungs- und Abkühlungskurve für Stahl

Man erkennt, daß die Umwandlungstemperatur beim Abkühlen: $A_{r1} = 705°$ ungefähr 25° tiefer liegt als die Temperatur beim Erwärmen: $A_{c1} = 730°$. Diese Unterkühlung ist ihrer Größe nach, wie in späteren Abschnitten beschrieben, stark abhängig von der Abkühlungsgeschwindigkeit. Sie ist zur Grundlage der Wärmebehandlung des Stahles geworden.

Magnetische Umwandlungen sind im wesentlichen durch das Auftreten des γ- und α-Eisens bestimmt. Demgemäß ist unterhalb der Linie PK (Abb. 10) d. h. nach der Umwandlung in Perlit, Stahl jeden C-Gehaltes mehr oder weniger magnetisch. Die übereutektoiden Stähle sind oberhalb SK, d. h. sobald ihr Perlit sich in Austenit umgewandelt hat (Curie-Punkt), unmagnetisch, die untereutektoiden jedoch erst dann, wenn die Temperatur die gestrichelte Linie durch O überschritten hat. Daher kann man mit einem Magneten feststellen, ob bei einem Werkstück die Umwandlung in Austenit erreicht ist.

Raum- und *Längenänderung.* Es ist bekannt, daß alle Metalle sich bei der Erwärmung mehr oder weniger ausdehnen. Damit wächst ihr Rauminhalt gemäß der räumlichen Ausdehnungszahl (kubischer Ausdehnungsbeiwert), während das Gewicht der Raumeinheit (Wichte) entsprechend abnimmt. Bei Drähten kann man die räumliche Ausdehnung besonders deutlich an der Längenänderung erkennen,

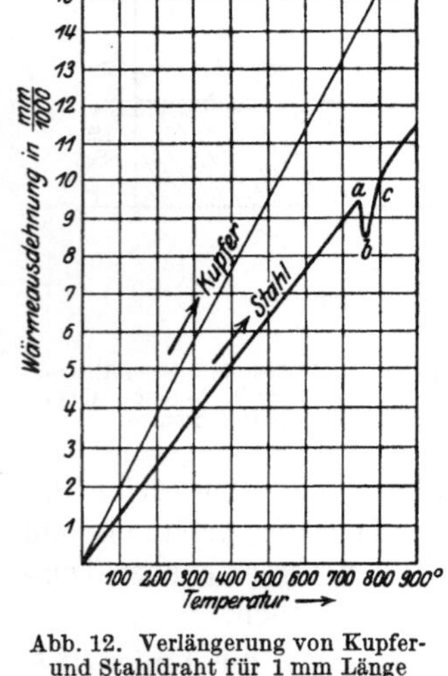

Abb. 12. Verlängerung von Kupfer- und Stahldraht für 1 mm Länge bei Erwärmen

die durch die Längenausdehnungszahl (linearer Ausdehnungsbeiwert) bestimmt wird (Abb. 12). Die Zunahme des Rauminhaltes für 1° Erwärmung ist zwar für die verschiedenen Metalle und Legierungen verschieden groß, aber für dasselbe Metall bleibt sie einigermaßen gleich, d. h. der Rauminhalt wächst annähernd stetig mit der Temperatur. Stellt man daher die Abhängigkeit des Rauminhaltes von der Temperatur bildlich dar, so erhält man annähernd eine Gerade wie die obere dünne Linie in Abb. 12, die die Längenzunahme eines Kupferdrahtes zeigt. Erwärmt man jedoch einen Stahldraht, z. B. mit 0,9% C, so erhält man statt der Geraden die stärker ausgezogene untere Linie, die bei etwa 750° eine Unstetigkeit hat. Diese Unstetigkeit ist eine Folge der Umwandlung von Perlit in Austenit, und zwar hängt die Verkürzung a—b mit der Umwandlung des α-Eisens in γ-Eisen zusammen, die schnellere Zunahme b—c mit der Auflösung des Karbidkohlenstoffes im γ-Gitter.

C. Gefüge nach raschem Abkühlen und Anlassen

Die Änderungen der Festigkeitseigenschaften durch Abschrecken und Anlassen finden ihre Erklärung in den Änderungen des Gefügeaufbaues. Das Ziel der Gefügeänderung ist: ein möglichst feines, „verfilztes" Gefüge beim Vergüten und ein noch feineres, möglichst kornloses beim Härten (vgl. Abschn. 4).

11. Gefügegleichgewicht. Der Einfachheit halber werde ein Stahl mit rd. 0,9% C betrachtet, bei dem die Umwandlungspunkte A_1 und A_3 zusammenfallen (Abb. 10). Der Aufbau seines Gefüges aus Ferrit und Zementit stellt einen Gleichgewichtszustand dar, d. h. jeder dieser Gefügebestandteile ist beständig, keiner hat die Neigung, sich im Laufe der Zeit, auch nicht bei Erwärmung (es sei denn über den unteren Umwandlungspunkt A_{c1}) umzuwandeln. Das gleiche gilt für den Austenit in seinem bis zu 721° herunterreichenden Bestandsgebiet. Aus ihm gehen bei der Abkühlung Ferrit und Zementit hervor. Aber nur unter einer Bedingung, die wir bislang stillschweigend vorausgesetzt haben: daß die Abkühlung so langsam fortschreitet, daß in jedem Augenblick, d. h. bei jeder Temperatur bis unter A_{c1} (=721°), das Gefügegleichgewicht sich einstellen, also auch jede Umwandlung sich zur richtigen Zeit und vollständig abspielen kann. Ist diese Zeit nicht vorhanden, weil schneller abgekühlt wird, so geschieht zweierlei: erstens sinken die Umwandlungspunkte zu tieferen Temperaturen hinab (Unterkühlung), und zwar um so tiefer, je schneller gekühlt wird.

Zweitens bilden sich bei diesen tieferen Umwandlungstemperaturen nicht mehr die beständigen (stabilen) Gefügebestandteile, sondern um so weniger beständige (labile), je tiefer die Umwandlungstemperatur, je schneller die Abkühlung ist.

12. Gefüge nach beschleunigtem Abkühlen (Abschrecken). Beim Abschrecken, z. B. eines Stahls mit 0,9% C, werden die beiden normalen Umwandlungen (A_{r1} und A_{r3}) bei 721° ganz unterdrückt, dafür zeigt sich eine Umwandlung bei rd. 250°[1], bei der sich wohl γ-Eisen in α-Eisen umwandelt, aber Zementit nicht ausgeschieden wird.

 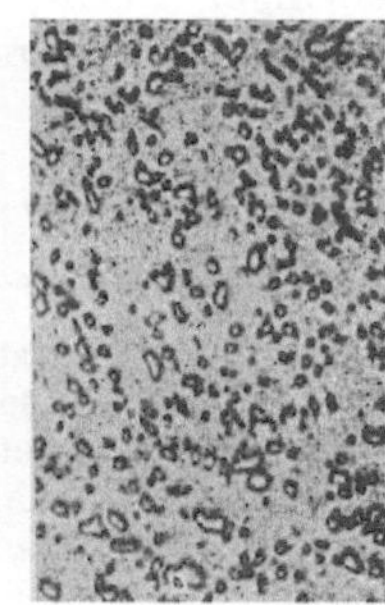

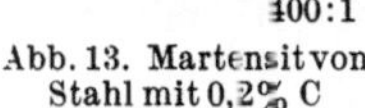

400:1	400:1
Abb. 13. Martensit von Stahl mit 0,2% C	Abb. 14. Körniger Perlit. Stahl wie Abb. 7

Dieser bzw. der Kohlenstoff, bleibt infolge Zeitmangel im Gitter des α-Eisens verteilt. Dieser Gefügezustand hat den Namen „*Martensit*" erhalten und ist kein Gleichgewichtszustand, sondern ein Zwangszustand. Sobald er kann, d. h. wenn die Starrheit des Atomaufbaues durch Erwärmen gelockert wird, gibt der Stahl zugunsten beständigerer Zustände, zuletzt des Perlits, den Zwangszustand auf. Das Aussehen von Martensit ist nicht einheitlich: bei kleinem C-Gehalt ist er meist nadelig (Abb. 13), ein Zeichen beginnenden Zerfalls, bei hohem Gehalt kann er sehr fein, fast kornlos sein.

---

[1] Die Umwandlungstemperatur ist abhängig vom C-Gehalt: bei untereutektoiden Stählen ist sie höher, bei übereutektoiden niedriger als 250°.

Die Umwandlung zu Martensit ist nicht für jeden Stahl vollkommen: bei den niedrigen Umwandlungstemperaturen der hochgekohlten Stähle geht sie immer unvollkommener vor sich. So bleiben wachsende Mengen „Restaustenit" im Gefüge zurück.

13. Kritische Abkühlungsgeschwindigkeit. Die Geschwindigkeit beim Abkühlen die gerade ausreicht, um Austenit in Martensit zu verwandeln, heißt „kritische Geschwindigkeit". Für unlegierten Stahl beträgt sie ungefähr 6 s, d. h. in dieser Zeit muß der Temperaturbereich von 721° bis etwa 200° (bzw. noch darunter) durchlaufen werden. Die Geschwindigkeit der weiteren Abkühlung, etwa bis Raumtemperatur, ist grundsätzlich belanglos, jedoch nicht ganz ohne Einfluß, weil die besondere Ausbildung des Martensit von ihr abhängt. Die kritische Geschwindigkeit wird beeinflußt durch die Legierung, Abmessung, Härtetemperatur, Härtemittel, Schmelzführung und den C-Gehalt.

14. Gefüge nach verschieden hohen Abkühlungsgeschwindigkeiten. Während sich bei der meist sehr hohen kritischen Geschwindigkeit das Zwangsgefüge Martensit bildet, entsteht bei sehr langsamer Abkühlung als Gleichgewichtsgefüge Perlit, dessen Zementitlamellen gekrümmt als Körner vorliegen (körniger Perlit) (Abb. 14). Mit zunehmender Abkühlungsgeschwindigkeit ändert sich die Form des Zementits von der Kugel zum Streifen (streifiger Perlit), zum sehr feinen Streifen (Sorbit) und zur fast kornlosen Feinheit (Troostit).

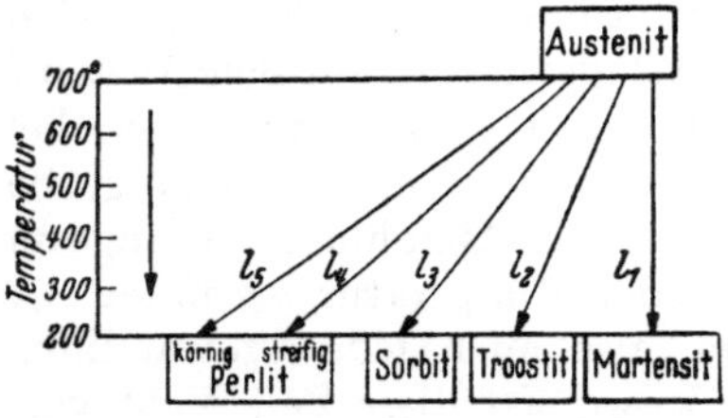

Abb. 15. Abkühlungszeiten und Gefüge. Die Strecken l_1 bis l_5 deuten die verschieden langen Abkühlungszeiten an

Es entstehen also aus dem Austenit nach steigender Abschreckgeschwindigkeit geordnet: körniger Perlit, streifiger Perlit, Sorbit, Troostit, Martensit, wie es Abb. 15 schematisch darstellt. Dabei können benachbart liegende Gefügebestandteile je

Tabelle 1. *Gefügebestandteile des Stahls*

Bezeichnung	Aufbau	Entstehung
Ferrit	Kristallkörner von α-Eisen (sehr weich)	frei nur in Stählen mit weniger als 0,9% C nach langsamem Abkühlen.
Zementit	Eisenkarbid (Fe_3C) (sehr hart) als Körner, Nadeln, Zeilen oder Netzwerk	frei nur in Stählen mit mehr als 0,9% C nach langsamem Abkühlen.
Perlit	feines Gemenge von Ferrit und Zementit mit stets 0,9% C.	
	körnig: kleine Zementitkörner im Ferrit	in allen Stählen nach sehr langsamem Abkühlen oder nach Glühen bei etwa Ac_1.
	streifig: abwechselnde Schichten von Zementit und Ferrit.	in allen Stählen nach Abkühlung in Luft.
Sorbit	sehr feiner Perlit	in allen Stählen durch Abschrecken mit etwas höherer Geschwindigkeit als vorstehend.
Troostit	kornlos feiner Perlit	in allen Stählen durch Abschrecken mit etwas geringerer als der kritischen Geschwindigkeit.
Martensit	angenähert feste Lösung von Kohlenstoff in α-Eisen, kornlos bis grobnadelig	in allen Stählen durch Abschrecken mit mindestens der kritischen Geschwindigkeit von oberhalb A_{c1}.
Austenit	γ-Mischkristalle (feste Lösung von Kohlenstoff in γ-Eisen)	in allen Stählen bei Temperaturen über A_1, Lösung vollkommen über A_3.

nach der örtlichen Abkühlgeschwindigkeit nebeneinander auftreten: Austenit neben Martensit, auch Martensit mit Troostit (Abb. 62) und Sorbit oder etwa Sorbit und Perlit. Eine Gefügeübersicht bringt Tab. 1.

15. Gefügeumwandlung bei gleichbleibender Temperatur. Bei einem aus dem γ-Gebiet abgeschreckten Stahl, dessen Temperatur unterhalb 721° abgefangen und gleichgehalten wird, beginnt der unterkühlte Austenit seine Umwandlung nach einer bestimmten Anlaufzeit. Nach Verlauf einer weiteren Zeitspanne (Umwandlungszeit) ist dann das ganze Gefüge umgewandelt. Die Umwandlung vollzieht sich hier bei gleichbleibender Temperatur (isotherm). Trägt man nun den Zeitpunkt des Beginns und des Endes der Umwandlung für jede Temperatur über einer logarithmisch geteilten Zeitachse auf, so ergibt sich das Zeit-Temperatur-Umwandlungs-Schaubild (ZTU-Kurve) in Abb. 16. Die Kurven, die Beginn und Ende der Umwandlung anzeigen, erhalten durch den logarithmischen Zeitmaßstab

einen S-förmigen Verlauf, weswegen sie auch S-Kurven genannt werden. Oberhalb 721° ist und bleibt alles austenitisch. Wird auf Temperaturen bis ~500° abgekühlt, so entsteht bei der Umwandlung ein perlitisches Gefüge. Dieser Bereich heißt Perlitstufe. Wenn das gesamte Gefüge umgewandelt ist, dann kann die weitere Abkühlung beliebig erfolgen. Bei Abschrecktemperaturen um 180° oder niedriger wird die Bildung von Martensit eingeleitet (Martensitstufe). In der dazwischen liegenden Stufe (Zwischenstufe) von etwa 450···200° stellt sich ein Gefüge ein, das sich nicht eindeutig mit den

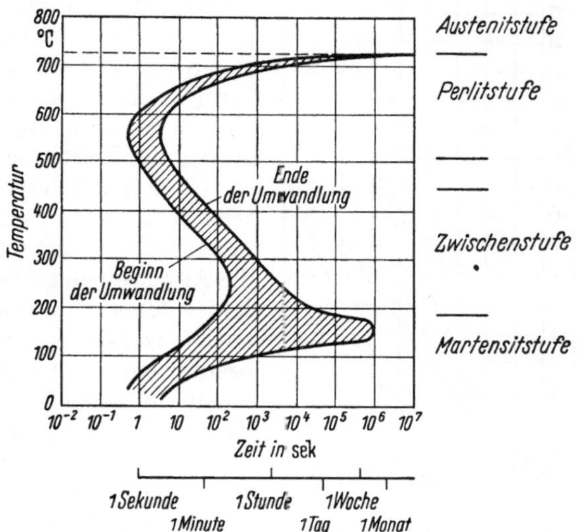

Abb. 16. Das Zeit-Temperatur-Umwandlungs-Schaubild für einen unlegierten Stahl mit etwa 0,9% C

bisher gezeigten Bildern vergleichen läßt. Es ist von nadelartiger, verfilzter Beschaffenheit. Man nennt es kurz „Zwischenstufengefüge" oder auch nach dem amerikanischen Forscher BAIN, der zusammen mit DAVENPORT hierüber Untersuchungen anstellte, *Bainit*. Im Bereich von 450···500° geht die Zwischenstufe ohne scharfe Grenze in die Perlitstufe über.

Der Verlauf der Kurve für den Umwandlungsbeginn zeigt, daß bei etwa 550° der Austenit am wenigsten beständig ist, d. h., daß er sich schon nach sehr kurzer Anlaufzeit umwandelt. Bei 200···250° dagegen ist der Austenit sehr beständig, eine Erscheinung, die bei der Härtung eine große Rolle spielt und auf die später noch eingegangen wird. Während in der Perlitstufe und in der Zwischenstufe die Umwandlung an vereinzelten Punkten beginnt und sich dann bei gleichbleibender Temperatur über das gesamte Gefüge bis zur völligen Umwandlung ausdehnt, setzt die Umwandlung in der Martensitstufe durch Umklappen des Gitters an vielen Stellen gleichzeitig ein. Sie setzt sich aber erst fort bei weiterer Abkühlung. Bei einem wenig umwandlungsfreudigen Austenit werden dann auch nach Abkühlung auf Raumtemperatur noch Anteile von Restaustenit im Gefüge verbleiben.

Form und Lage der Kurven, d. h. Beginn und Ende der jeweiligen Umwandlung, werden durch die Zusammensetzung des Stahls bestimmt. Steigender C-Gehalt und besonders der Zusatz von Cr, Mn, Mo und Ni stabilisieren den Austenit, das bedeutet, daß der Beginn der Umwandlung hinausgezögert wird. Die Kurve verschiebt sich dann nach rechts.

16. Gefügeänderungen beim Anlassen. Nach Abschn. 12 ist Martensit ein Zwangszustand, den der Stahl aufgibt, sobald durch Wärmezufuhr die Beweglichkeit im Atomaufbau erhöht wird. Die Wärmezufuhr und die damit verbundene Auswirkung auf das Gefüge wird Anlassen genannt. Dabei zersetzt sich der Martensit mit zunehmender Temperatur, bis dicht unterhalb A_{c1} ein normales α-Eisen mit ausgeschiedenem Zementit vorliegt. Ab etwa 100° beginnt der Martensit zu zerfallen. Über 200° tritt ein deutlicher Härteabfall ein (Abb. 47). Es bildet sich ein anfangs noch nadeliges Vergütungsgefüge (Abb. 46), um schließlich in den Perlit überzugehen. Das letzte Glied in der Kette der Gefüge bei wachsender Anlaßtemperatur ist der körnige Perlit, der bei einer Erwärmung bis auf 721° entsteht. Unter dem Einfluß der Anlaßwärme wandelt sich etwa vorhandener Restaustenit bei 200···250° nach dem Vorgang der isothermen Umwandlung (vgl. Abschn. 15) in ein Zwischenstufengefüge um und trägt dadurch zur Steigerung der Härte des Gefüges bei.

17. Raumänderung durch Abschrecken. Aus Abschn. 5 können wir entnehmen, daß bei gleicher Temperatur α-Eisen mehr Raum einnimmt als γ-Eisen, da die Atome einen größeren Abstand voneinander haben. Es ist daher wahrscheinlich, daß Martensit, der praktisch aus α-Eisen mit darin eingeschlossener Kohle besteht, auch einen größeren Raum einnimmt als Austenit (in γ-Eisen gelöste Kohle) und auch als Perlit (Gemenge von α-Eisen und chemisch gebundener Kohle). Messungen haben dies bestätigt. Es hat sich ergeben, daß die Rauminhalte der Gefügebestandteile in folgender Reihe zunehmen: Austenit — Perlit — Martensit. Bei eutektoidem Stahl beträgt der Unterschied zwischen Perlit und Martensit rd. 1%.

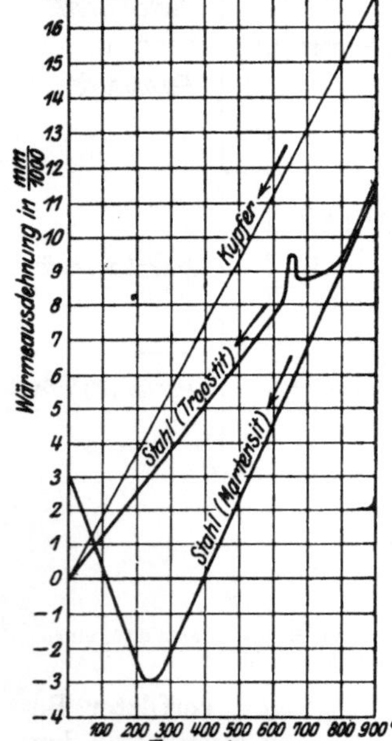

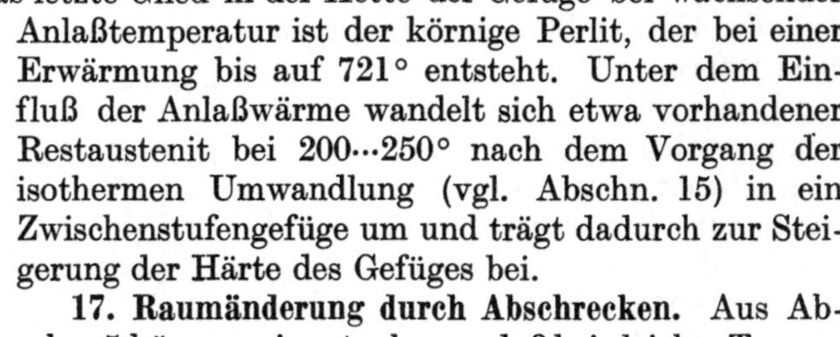

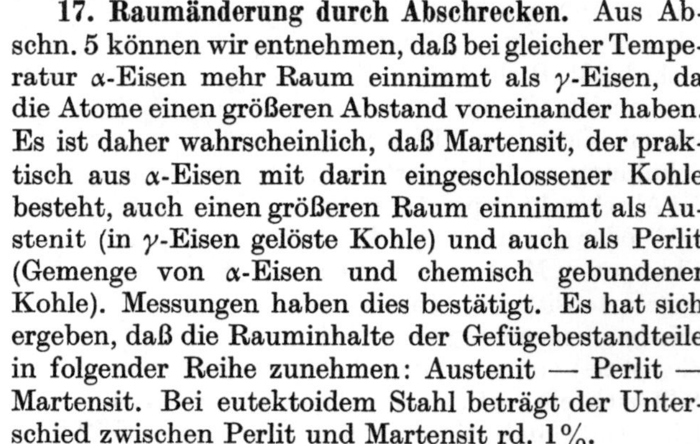

Abb. 17. Längenänderung von Kupfer- und Stahldraht für 1 mm Länge beim Abkühlen

In Abb. 17 (vgl. Abb. 12) sind die Längenänderungen von dünnen Drähten beim Abkühlen dargestellt. Die obere Kurve zeigt das Verhalten von *Kupferdraht*, der keine Umwandlung erfährt bei beliebig schnellem Abkühlen. Sie ist annähernd eine Gerade, was bedeutet, daß die Länge gleichmäßig mit der Temperatur abnimmt. Die Gerade fällt mit der Erwärmungsgeraden in Abb. 12 zusammen. Ihr Endpunkt liegt ebenso wie dort der Anfangspunkt im Nullpunkt, so daß auch die Endlänge mit der Anfangslänge übereinstimmt.

Anders bei *Stahl*. Die Unstetigkeit a—b—c der Erwärmungskurve (Abb. 12) zeigt sich auch bei langsamem Abkühlen, ein Anzeichen für die Rückverwandlung des γ-Eisens in α-Eisen und der gelösten Kohle in gebundene Kohle. Diese Rückverwandlung findet bei etwas niedrigerer Temperatur statt als die Umwandlung beim Erwärmen, da ja A_{c1} etwas höher liegt als A_{r1} (s. Abschn. 10 und Abb. 11). Wird nun schneller abgekühlt, so daß sich Troostit bildet, so sinkt A_{r1} auf etwa 650° (mittlere Kurve Abb. 17).

Wird jetzt aber so schroff abgeschreckt, daß sich Martensit bildet, so verschwindet die Unstetigkeit in der Kurve: die untere Kurve Abb. 17 ist eine Gerade bis etwa 250°, ändert dort ihre Richtung und verläuft weiter als Gerade bis zur Endtemperatur. Dieser Verlauf ist kennzeichnend: Solange Austenit vorhanden ist, nimmt mit der Abkühlung die Länge ab, bis sie am Endpunkt, bei etwa 250°, wo der Austenit sich in Martensit umwandelt, am geringsten ist, erheblich geringer als die Ausgangslänge bei 0° (Perlit). Jetzt, wo Martensit vorhanden ist, nimmt trotz weiterer Abkühlung von 250···0° die Länge in etwa demselben Verhältnis wieder zu, bis sie bei 0° erheblich größer ist als die Ausgangslänge. Dieses Endergebnis entspricht der Angabe oben, daß Martensit einen größeren Rauminhalt hat als Perlit (weil der Kohlenstoff im Martensit atomar verteilt ist, so daß er als gelöst angesehen werden kann).

Nach ENGEL wandelt sich der Martensit unter plötzlicher Teiländerung des kubisch flächenzentrierten Austenitgitters in das α-Eisen-Gitter um (Abb. 18). Da die Kohlenstoffatome im Gitter des α-Eisens selbst bei langsamer Abkühlung nur in sehr geringer Menge aufgenommen werden können, ergibt sich bei Verhin-

derung der Ausscheidung infolge schroffer Abschreckung eine Aufweitung des kubischen Gitters in eine tetragonale Form. Diese Umlagerung des Austenits in tetragonalen Martensit ist die Ursache der hohen Härte, aber infolge der Raumvergrößerung auch von hohen Spannungen im Gefüge (Umwandlungsspannungen). Beim Anlassen zwischen 100 und 200° verwandelt sich der tetragonale in kubischen Martensit.

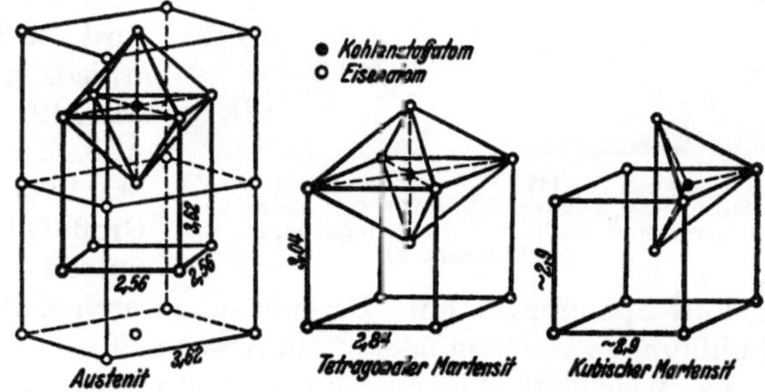

Abb. 18. Atomaufbau von Martensit (nach ENGEL)
Die Zahlen sind Ångströmeinheiten (1 Å = 10^{-8} cm)

Dabei verringert sich das Volumen. Der geringen Raumabnahme entspricht eine Minderung der Spannungen und eine ebenfalls geringfügige Abnahme der Härte. Bei höheren Anlaßtemperaturen beginnt in zunehmendem Maße die Ausscheidung von Karbiden, wobei die Gitterstörungen weiter abnehmen. Unter Einbeziehung der beiden Gitterformen des Martensits ist die Reihenfolge der Gefüge mit steigendem Rauminhalt: Austenit — Perlit — kubischer — tetragonaler Martensit.

III. Glühen des Stahles

Man versteht unter Glühen ein Erwärmen auf eine bestimmte Temperatur mit nachfolgendem langsamem Abkühlen. Das Ziel dieser Behandlung ist dabei sehr verschieden. Ebenso verschiedenartig sind die vielen Glühverfahren. Die Bezeichnung „Glühen" ist ein Sammelbegriff, der überall dort vermieden werden sollte, wo Verwechslungen möglich sind. Das gilt vor allem für Angaben in Arbeitsanweisungen. Nachstehend werden die wichtigsten Glühverfahren, ihre Durchführung und ihre Ziele in Anlehnung an DIN 17014 (Fachausdrücke für Wärmebehandlung von Stahl und Eisen) beschrieben.

18. Normalglühen. Darunter versteht man das Erwärmen auf eine Temperatur dicht über A_{c3} (bei übereutektoiden Stählen über A_{c1}) mit anschließendem Abkühlen in ruhender Luft. Die Temperatur soll dabei, um unnötige Grobkornbildung zu vermeiden, nicht höher als 20—30° über der *GOSK*-Linie des Eisenkohlenstoff-Schaubildes liegen (Abb. 10). Die Glühzeit soll nicht länger sein als zur vollständigen Durchwärmung des Glühgutes erforderlich ist. Die α—γ Umwandlung beim

Erwärmen und anschließende γ—α Umwandlung beim Abkühlen bewirken ein Gefüge mit feiner Körnung, das sich bei der geringen Abkühlungsgeschwindigkeit entsprechend den Gleichgewichtsbedingungen neu bildet. Das Ziel der Behandlung ist immer die Beseitigung von grobem oder ungleichmäßigem Gefüge, wie es bei Stahlgußstücken oder im Innern sehr großer Schmiedestücke und Walzquerschnitte vorliegt. Kran- und Schmiedeketten, Zughaken u. dgl. werden kalt und bis $\approx 400°$ im Wechsel beansprucht, mitunter über der Streckgrenze (künstliche Alterung). Hierdurch entstehen Grobkörnigkeit und Sprödigkeit. Auch bei Schwei-

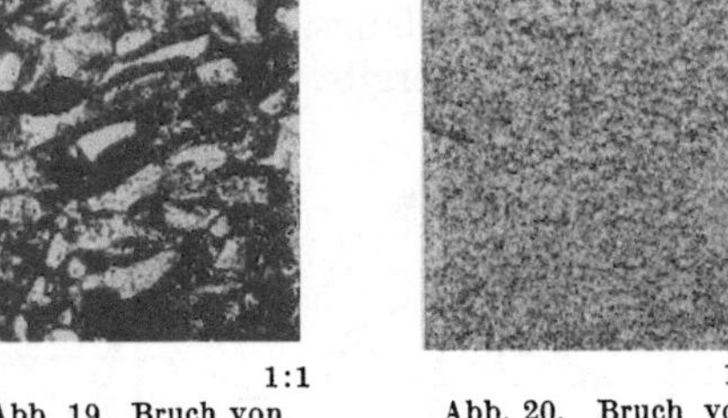

ßungen entsteht ein sehr ungleichmäßiges Gefüge. In allen Fällen werden Streckgrenze, Dehnung, Einschnürung und Kerbzähigkeit durch Normalglühen wesentlich erhöht. Da sich kleine Stahlformgußstücke an Luft langsamer, große schneller abkühlen als in der Gußform, wird die Festigkeit bei kleinen Stücken erniedrigt, bei großen Stücken erhöht. Abb. 19 u. 20 zeigen das Bruchkorn, Abb. 21 u. 22 das Gefüge von gegossenem Stahl vor und nach der Glühbehandlung. Große Glühteile mit starken Querschnittsunterschieden weisen nach Abkühlung

1:1
Abb. 19. Bruch von
Stahlformguß, roh

1:1
Abb. 20. Bruch von
Stahlformguß, geglüht
(nach BREARLEY)

an Luft Spannungen auf. Diese werden durch eine verzögerte Abkühlung (Ofenabkühlung o. ä.) vermindert (vgl. Abschn. 20).

19. Weichglühen ist ein Glühen dicht unter A_{c1} (Linie *PSK*, Abb. 10), gelegentlich auch über A_{c1} oder ein Pendeln um A_{c1} (Pendelglühen) mit nachfolgendem

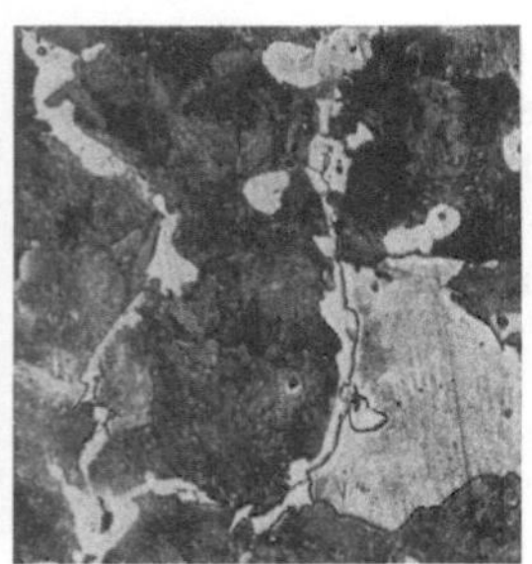

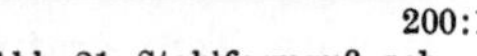

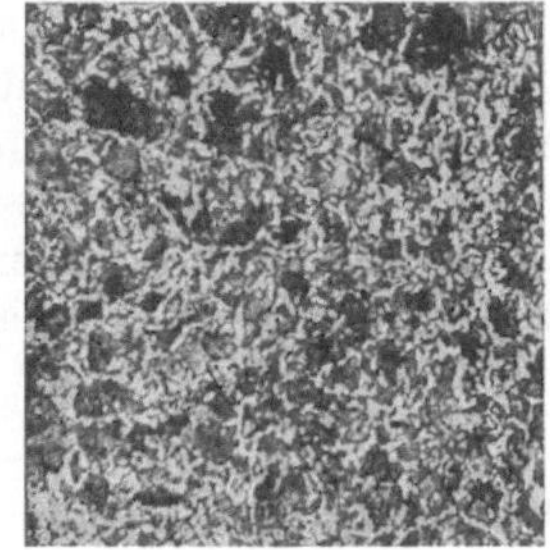

langsamem Abkühlen. Es bezweckt einen möglichst weichen Zustand, um die nach einer Warmformung an Stählen entstehenden höheren Härte-, Festigkeits-, Sprödigkeits- und Spannungszustände zu beseitigen. Die Wirkung tritt dadurch ein, daß in der Wärme die im Perlit vorhandenen harten Zementitlamellen (schwarze Streifen in Abb. 7) sich krümmen und

200:1
Abb. 21. Stahlformguß, roh

200:1
Abb. 22. Stahlformguß,
normalgeglüht

schließlich zu Körnern zusammenballen. Dieser körnige Zementit in ferritischer Grundmasse wird allgemein als *körniger Perlit* bezeichnet. Abb. 14 bringt bei gleicher Vergrößerung den gegenüber Abb. 7 veränderten Gefügezustand. Es leuchtet ein, daß ein Umformen eines derartigen Gefüges viel leichter vor sich geht, weil die Körner besser aneinander vorbeigleiten können als die Lamellen. Ebenso wird ein zerspanendes Werkzeug, Drehmeißel oder Bohrer, leichter seinen Weg durch den körnigen Zementit finden und dabei weniger verschleißen. Auf der anderen Seite liegt mit dem körnigen Perlit der günstigste Ausgangszustand für eine nachfolgende Härtung vor, die zu dem geringsten Ausschuß und zu den höchsten Gütewerten führt.

Bei diesem Glühen verzichtet man auf die völlige Umkristallisation und begnügt sich mit Temperaturen dicht unter A_{c1}. Das bedeutet für C-Stähle 680 bis

720°, für mittelhochlegierte bis 40°, für hochlegierte 80 bis 100° höher. Die Temperaturen oberhalb A_{c1} werden vorzugsweise für übereutektoide Stähle angewendet, was einem Normalglühen praktisch gleichkommt.

Die *Glühzeit* ist abhängig von der Größe bzw. Menge des Glühgutes. Es muß bis zum Kern gut durchwärmen und bei dicken Abmessungen oder großen Glühmengen und bei hochlegierten Stählen, die geringe Umwandlungsgeschwindigkeiten haben, meist längere Zeit, bis ≈ 2 h, bei dieser Temperatur bleiben. Bei Glühtemperaturen unter A_{c1} ist lange Glühzeit, besonders bei hoch C-haltigen Ni- und Cr-Ni-Stählen günstig oder doch gefahrlos. Bei höheren Temperaturen wachsen die Austenitkristalle mit der Zeit. Grundsätzlich hat kürzere Glühzeit bei höheren Temperaturen ähnlichen Einfluß wie längere Glühzeit bei niedrigen Temperaturen.

Die *Abkühlungsgeschwindigkeit* hat erheblichen Einfluß auf das Korn und die Härte. Die Abkühlung soll bei C- und niedriglegierten Stählen erfahrungsgemäß bis herunter auf $\approx 650°$ 20…25°/h betragen, bei mittelhochlegierten Stählen bis $\approx 630°$ 15…20°/h, bei hochlegierten Stählen (rostfreie, hochchromhaltige Stähle, Schnellstähle u. ä.) bis $\approx 600°$ 10…15°/h. Die weitere Abkühlung (bei der ersten Gruppe unter 600°, bei den beiden anderen Gruppen unter 300°) kann dann an ruhender Luft erfolgen.

Die Abkühlungsgeschwindigkeit ist aber auch abhängig von der Art des Stahles. Während die Abkühlung an Luft aus 600…650° bei basischen Stählen keinen ungünstigen Einfluß auf das Korn und die Härte ausübt, nehmen die gleichen sauren Tiegelstähle dabei verhältnismäßig hohe Härte an. Die Abkühlung dieser Stähle muß erfahrungsgemäß bis $\approx 300°$ langsam erfolgen. Das Weichglühen von C- u. niedriglegierten Stählen durch isotherme Rückumwandlung (Erhitzen auf 800…840°, Ausgleichglühen 1—3 h bei 680—720° mit weiterer Abkühlung an Luft oder in Wasser) wird bei basisch erschmolzenen Stählen angewendet. Hierfür sind entsprechende Einrichtungen notwendig.

Beim Weichglühen durch *Pendeln* um den *Haltepunkt* (mittlere Glühtemperatur), 20° nach oben und unten, entsteht bei C- und leichtlegierten Stählen rasch kugeliger Zementit. Mittelhochlegierte Werkzeugstähle mit 0,6…1,4% C und 1,5…9% Legierungsmetallen (Cr, W, V, Mo, Co) haben kleinere Umwandlungsgeschwindigkeiten, sie erfordern längere Glühzeiten, weil besonders die Cr- und V-haltigen Karbide beständiger sind und daher der Lösung größeren Widerstand entgegensetzen. Durch stärkeres *Pendeln* um die *Haltepunkte*, nämlich Erhitzen auf 800…820° — Abkühlen bis 680° — Wiedererhitzen auf 720…740° und anschließende langsame Abkühlung (wie oben), wird bei mittelhochlegierten Stählen am leichtesten kugeliger Zementit gebildet. Ferner werden etwa vorhandene leichte Fehler der Wärmebehandlung beim Walzen und Schmieden aufgehoben.

20. Spannungsfreiglühen. Durch Erwärmen auf Temperaturen unter A_{c1}, meist zwischen 550 und 650°, mit langsamem Abkühlen können Spannungen, die von ungleichmäßiger Abkühlung nach dem Gießen, Schmieden, Walzen, Schweißen oder auch durch spanlose oder abspanende Formung entstehen, beseitigt werden. Da kein Umwandlungspunkt überschritten wird, treten keine wesentlichen Gefügeänderungen und ebensowenig Eigenschaftsänderungen auf. Ein Werkstück, das durchgreifend auf den erwähnten Temperaturbereich gebracht ist, kann als spannungsfrei angesehen werden. Für den Erfolg entscheidend jedoch ist die Abkühlung, weil bei ungleichen Querschnitten infolge der unterschiedlichen Abkühlungsgeschwindigkeit zwischen Oberfläche und Innerem erneut Spannungen auftreten können. Die Abkühlung muß deshalb so gesteuert werden, daß die Temperaturen im Innern mit den Oberflächentemperaturen Schritt halten. Da mit steigender Temperatur die Festigkeit des Stahls nachläßt, wird die Glühtemperatur nur so hoch gewählt, wie es ohne unzulässige Verformung des Werkstücks (Durchbiegung unter Eigengewicht z. B.) verantwortet werden kann. Dadurch werden zumindest die Spannungsspitzen abgebaut.

21. Rekristallisationsglühen. Die durch Kaltformen wie Ziehen, Pressen, Schlagen usw. hervorgerufenen Kristallverformungen führen zu einer Versprödung. Durch Glühen unter A_{c1} mit langsamem Abkühlen kann man das Gefüge zu einer Neubildung von Kristallen anregen (Rekristallisation, Abb. 23 u. 24). Dabei wächst das Korn überall dort sehr schnell, wo eine geringe Kaltverfestigung vorliegt, das ist etwa zwischen 7 und 15%. Erst bei stärkerer Kaltverformung (etwa 30%) entsteht Feinkorn. Da sich die Verformungen bei vielen Werkstücken sehr ungleichmäßig verteilen, ist nach dem Glühen mit entsprechend ungleichmäßigem Korn zu rechnen. Das beim Rekristallisieren entstehende Grobkorn kann dann nur durch Normalglühen (Abschn. 18) beseitigt werden. Die Rekristallisationstemperaturen sind vom jeweiligen Verformungsgrad abhängig.

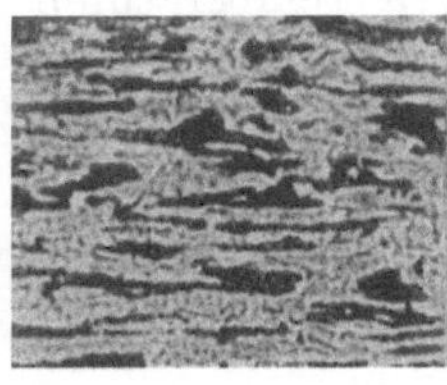
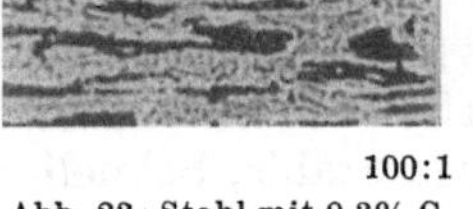

100:1

Abb. 23. Stahl mit 0,3% C, kalt verfestigt

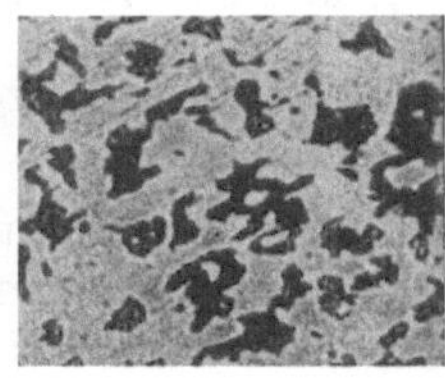

100:1

Abb. 24. Stahl wie in Abb. 23 rekristallisiert

Es werden meist Temperaturen zwischen 550 und 720° angewendet. Das Rekristallisationsglühen erfolgt vielfach, um Werkstücke für eine erneute Kaltformung vorzubereiten.

22. Sonstige Glühverfahren. Das *Grobkornglühen*, auch als Hochglühen bezeichnet, wird ähnlich wie das Normalglühen über A_{c3} durchgeführt. Von vielfach etwas höher gewählten Temperaturen wird hier *langsam* auf A_{c1} und dann beliebig weiter abgekühlt. Das Grobkorn erleichtert die spangebende Verarbeitung und erhöht die Standzeit der Werkzeuge. Angewendet wird es meist bei Teilen, die später ohnehin einer Wärmebehandlung durch Härten oder Vergüten zugeführt werden sollen.

Unter *Diffusionsglühen* versteht man den Ausgleich örtlicher Konzentrationsunterschiede wie sie z. B. beim Abkühlen von Gußstücken als Entmischungen oder beim Aufkohlen (Abschn. 39) als zu starke Anhäufung von Karbiden in der Randzone entstehen. Die Glühtemperaturen liegen hoch über A_{c3} (etwa 1050···1250°) und ermöglichen unter Ausnutzung der bei diesen Temperaturen erhöhten Beweglichkeit der Atome im Kristallgitter den Ausgleich. Das entstehende Grobkorn muß durch eine anschließende Umkörnung (z. B. Normalglühen) wieder beseitigt werden.

Das *Blankglühen* ist ein Glühvorgang, bei dem es darum geht, die Bildung einer Oxydschicht zu verhindern oder eine vorhandene Schicht zu beseitigen. Als *Zwischenglühen* kann jeder zwischen anderen Verarbeitungsstufen liegende Glühvorgang bezeichnet werden.

23. Fehler beim Glühen. Wird Stahl beim Warmformen oder Glühen zu hoch erhitzt (überhitzt) oder zu lange erhitzt (verglüht), so wird sein Korn grob. Der Stahl ist dann härteempfindlich[1] und hat geringe Zähigkeit. Derartig verglühter Stahl läßt sich wieder rückfeinen, wenn man ihn erneut entsprechend wärmebehandelt. Sehr gründlich geschieht das *Rückfeinen* durch kräftiges Schmieden oder durch Abschrecken mit nachfolgendem Glühen. Bei C- und leichtlegierten Stählen bis $\approx 0{,}9\%$ C-Gehalt kann durch Pendelglühen oder Wiederholen des Glühens bei richtiger Temperatur und richtiger Dauer das Korn wieder verfeinert werden. Bei mittelhochlegierten und bei C-Stählen mit über $\approx 0{,}9\%$ C-Gehalt wird durch Normalglühen das Zementitnetzwerk unter Abkühlen an Luft, bei dicken Abmessungen unter Ablöschen in Öl (bis $\approx 600°$) zerstört und anschließend bei richtiger Temperatur und -dauer geglüht. Abb. 25 u. 26 zeigen das Gefüge, Abb. 27 die Bruchproben von verglühtem und rückgefeintem Stahl mit 1,1% C. Bei hochlegierten Schnellstählen u. ä. ist das Rückfeinen infolge der Unlöslichkeit des groben Karbidanteils der Legierung nicht mit Erfolg anwendbar.

---

[1] „Härteempfindlich" ist ein Stahl, wenn bei geringer Überschreitung der Härtetemperatur Grobkorn und größere Durchhärtung eintreten.

Geht man mit der Glühtemperatur bis zum Funkensprühen, also bis zur Gelb-bzw. Weißglut, so werden die Kristalle sehr grob; es verbrennen C und Eisen oft noch tief unter der Oberfläche und feste Verbrennungsprodukte lagern sich zwischen den Begrenzungen der Kristallkörner ab (s. die schwarzen Linien in Abb. 28). Derartiger Stahl heißt „verbrannt". Da der Zusammenhalt der Körner durch die Ablagerungen gelockert wird, ist verbrannter Stahl mürbe; er kann durch kein Mittel gesund gemacht werden und ist Schrott.

Die *chemischen Änderungen*, denen aller Stahl beim Glühen ausgesetzt ist, sind bedingt durch die Berührung der glühenden Stahloberfläche mit den Feuergasen, der atmosphärischen Luft oder anderen chemisch einwirkenden Stoffen, wie Wasserdampf, Gase, Salzbäder usw. Die Änderung, die die äußere Schicht des Werkstückes erfährt, besteht haupt-

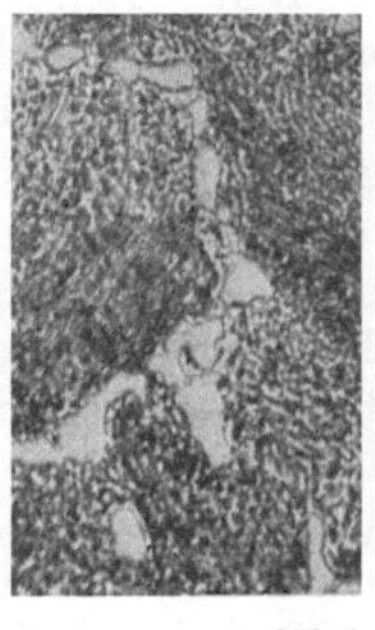

600:1

Abb. 25. Verglühter Stahl

600:1

Abb. 26. Rückgefeinter Stahl

a

b

1:1

Abb. 27a u. b. Bruchproben von Stahl
a) verglüht;
b) rückgefeint

sächlich in einem Verzundern des Eisens und einem Entkohlen. Während mit dem Verzundern meist ein Entkohlen verbunden ist, kann ein Entkohlen auch ohne Verzundern eintreten.

Das *Verzundern* entsteht durch Anwesenheit von Sauerstoff (O), der mit dem Eisen (Fe) verbrennt, d. h. sich verbindet zu Eisenoxydul (FeO), Eisenoxyd (Fe_2O_3), Eisenoxyduloxyd (Fe_3O_4) und Gemischen dieser Verbindungen, die alle feste Körper sind. Der Sauerstoff zum Verzundern kann aus den Feuergasen stammen („oxydierende Abgase") oder aus der Luft, die besonders stark zundert, wenn sie feucht ist. Sehr stark zundern auch manche Salzbäder[1], besonders Natriumnitrat ($NaNO_3$) und auch -nitrit ($NaNO_2$). Völlig verzundertes Eisen, Glühspan oder Hammer-

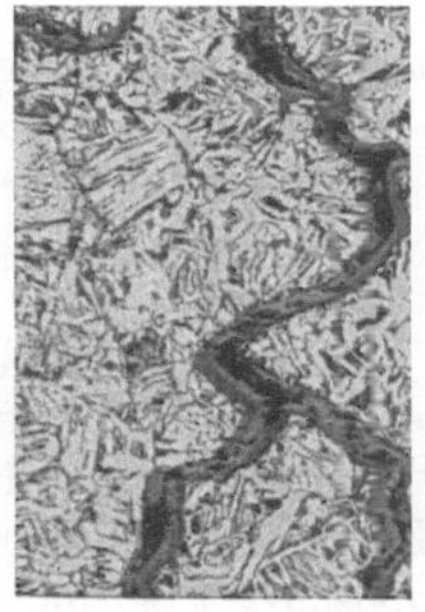

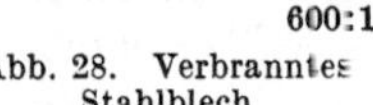

600:1

Abb. 28. Verbranntes Stahlblech

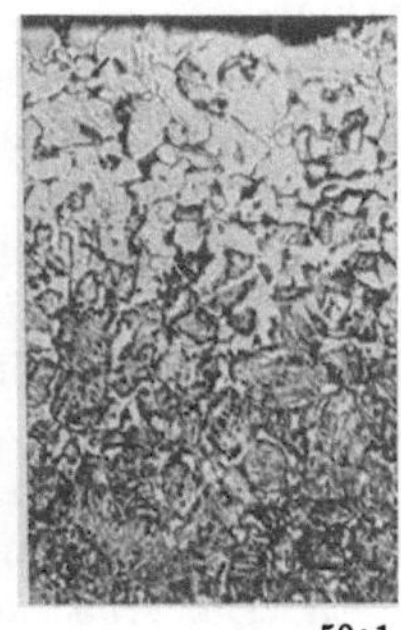

50:1

Abb. 29. Randentkohlung

schlag genannt, ist spröde und muß vor der weiteren Verarbeitung oder Verwendung der Werkstücke entfernt werden.

Das *Entkohlen* besteht in einem Vergasen von Kohlenstoff durch Wasserstoff (H) oder Sauerstoff (O). Abb. 29 zeigt eine Randentkohlung. Die reduzierende Ofenatmosphäre, die sehr wenig freien Sauerstoff enthält und nicht zundern kann, entkohlt durch die Anwesenheit geringer Mengen an Kohlensäure und Wasserdampf. Ferner können stark entkohlen: oxydierende Abgase, feuchte Luft, Kohlensäure. Bei niedrigen Temperaturen bis etwa 620° ist die Entkohlung gering oder gleich Null. Sie wächst außer mit steigender Temperatur auch mit steigendem C-Gehalt

---

[1] Näheres s. Werkstattbuch H. 8: KLOSTERMANN, Die Praxis der Warmbehandlung des Stahles, 6. Aufl.

des Stahls. Verschiedene Holzkohlearten und feuchte Holzkohle entkohlen sehr
stark zwischen Temperaturen von etwa 660···750°. Eine entkohlte Randschicht
ist weicher als das Kerngefüge und nimmt beim Härten auch keine Härte an. Sie
muß in solchen Fällen durch Abspanen entfernt werden. Die Gefahr einer Entkohlung steigt mit zunehmender Temperatur und Glühdauer.

Nicht entkohlend, d. h. chemisch *neutral* wirken: frische Graugußspäne, reiner
Stickstoff, Kohlenoxyd oder reiner trockener Wasserstoff; ferner Verbrennungsgase „in statu nascendi" (lat. = im Entstehen), Braunkohlen-, Steinkohlen- und
Generatorgas, karburiertes trockenes Leuchtgas. Beim freien Glühen mit Braun-
kohlen-, Steinkohlen-, Generatorgas bildet sich auf dem Stahl eine lose anhaftende
schwache Glühhaut, die den Stahl vor Entkohlung schützt. Durch Zuführen von
Kohlenstoff (Aufkohlen, Zementieren, vgl. Abschn. 38) kann die entkohlte Schicht
wieder in Stahl verwandelt werden, wenn es auch nicht immer möglich ist, ihr wieder
genau die alten Eigenschaften zu geben. Auch ein ungewolltes *Aufkohlen* kann
eintreten bei C-haltigen Glühmitteln oder chemisch nicht neutralen Salzbädern.
Die aufgekohlte Schicht stört als „harte Haut" bei nachfolgender abspanender
Bearbeitung.

Weiter können Schädigungen des Glühgutes eintreten, wenn die Brennstoffe bzw. die
Verbrennungsgase *Schwefel* enthalten. Dieser kann in die Oberfläche des glühenden Stahls
eindringen und dort größere oder kleinere, an Schwefel reiche Stellen bilden, die besonders
für hochgekohlten Stahl bei nachfolgendem Abschrecken schädlich sind. Ein Abschließen von
den Heizgasen beim Glühen verhindert sicher derartige Beschädigungen.

IV. Durchhärten und Vergüten

A. Durchhärten

24. Grundbegriffe. Um die Härte von Stahl zu steigern, gibt es verschiedene
Möglichkeiten:

1. Das *Umwandlungshärten*, bei dem nach Erwärmen und schroffem Abkühlen
die Härtesteigerung durch Martensitbildung eintritt (Abschn. 12). Dies ist die
verbreitetste Art. Es ist eine reine Wärmebehandlung. Voraussetzung ist lediglich,
daß eine Martensitbildung überhaupt möglich ist.

2. Das *Kalthärten* läßt sich an fast allen Metallen durchführen. Mechanischer
Druck führt zu einer Verformung des Kristallgefüges und einer damit verbundenen
Härtesteigerung. Dieses Verfahren stellt keine Wärmebehandlung dar und fällt
aus dem Rahmen der Betrachtungen dieses Heftes heraus. Anwendung vor allem
für Reinaluminium, Kupfer und Messing.

3. Das *Ausscheidungshärten* beruht auf einer erhöhten Lösungsmöglichkeit eines
Bestandteils bei erhöhter Temperatur. Durch anschließendes schroffes Abkühlen
wird die völlige Ausscheidung des gelösten Bestandteils zunächst verhindert,
stellt sich aber später bis zu einem gewissen Grade bei Raumtemperatur oder leichter
Erwärmung von selbst ein. Damit ist eine Härtesteigerung verbunden. Für Alu-
minium-Legierungen ist dies die einzige Möglichkeit einer Härtesteigerung (außer
Kaltverfestigung). Bei Stahl spielt diese Härtung nur bei wenigen Sonderstählen
eine Rolle (Abschn. 30 c).

4. Das *Diffusionshärten* wirkt durch Einwandern von Stoffen in die Werk-
stückoberfläche und dort entstehende harte Verbindungen. Die Einwanderung
(Diffusion) der Stoffe wird durch hohe Temperaturen begünstigt, weshalb diese
Verfahren eindeutig zu den Härteverfahren durch Wärmebehandlung zählen. Die
gehärtete Zone beschränkt sich aber ausschließlich auf die Oberfläche (s. Kap. V).

Der Bedeutung entsprechend befassen sich die nachstehenden Ausführungen
dieses Kapitels ausschließlich mit dem *Umwandlungshärten*. Nach DIN 17014

versteht man unter *Härten* ein Abkühlen von Stahl aus Temperaturen über A_{c1} bis wenig über A_{c3} mit solcher Geschwindigkeit, daß sich oberflächlich oder auch durchgreifend Martensit bildet (Abschn. 12). *Anlassen* (zum Härten gehörig) ist ein Erwärmen nach vorausgegangener Härtung auf eine Temperatur unterhalb A_{c1} mit nachfolgender Abkühlung. *Vergüten* ist die Vereinigung von Härten mit nachfolgendem Anlassen auf eine so hohe Temperatur, daß die Zähigkeit wesentlich gesteigert wird.

Der Härtevorgang gliedert sich in das Anwärmen, Durchwärmen, Halten auf dieser Temperatur, das Abkühlen mit Bildung des Härtegefüges und das anschließende Anlassen zur Verbesserung der Zähigkeit. Dieses Anlassen nach einem Härtevorgang wird meist gar nicht erwähnt, weil es als selbstverständlich dazu zählt. Unter Anwärmen versteht man die Wärmezufuhr bis zum Erreichen der gewünschten Temperatur auf der Oberfläche des Werkstücks, unter Durchwärmen die weitere Wärmezufuhr, um auch den Kern auf diese Temperatur zu bringen. Stähle mit schlechter Wärmeleitung (alle hochlegierten Stähle) muß man sehr langsam erwärmen, damit die unterschiedliche Ausdehnung zwischen Oberfläche und Kern nicht zu Spannungen und Verformungen führt. Aus diesem Grunde geht man dann über zwei oder bei höheren Endtemperaturen auch über drei Anwärmstufen. Vor dem Übergang auf die nächsthöhere Anwärmstufe muß dann erst die Durchwärmung abgewartet werden. Das Halten auf der Endtemperatur ist nur so lange erforderlich wie der Stahl zu seiner Umwandlung (α—γ) und zur Lösung der Karbide benötigt. Diese Zeit reicht von Bruchteilen einer Sekunde bei unlegierten Stählen bis zu einigen Minuten bei schwer löslichen Karbiden in legierten Stählen.

25. Der Einfluß des Abschreckens auf die mechanischen Kennwerte ist sehr erheblich, hängt aber, richtige Erhitzung (über A_{c3} bzw. A_{c1}) vorausgesetzt, stark von der Geschwindigkeit des Abschreckens ab, d. h. von der Zeit, die gebraucht wird, um das Stück von der Härtetemperatur bis auf etwa 200° abzukühlen. Diese Zeit wird bei demselben Stahl von der Natur des Abschreckmittels und von den Abmessungen des Stückes bestimmt. Von den Abschreckmitteln kühlt Wasser (8%ige Natronlauge) am schnellsten, wirkt also am schroffsten, während Öl viel milder wirkt und Luft am mildesten. Dazwischen gibt es Mittel (besonders wässerige Lösungen anorganischer und organischer Natur) für jede gewünschte Abschreckgeschwindigkeit[1]. Hier sind besonders die Salzbäder zu erwähnen. Die Abmessungen fördern die Wärmeabfuhr um so mehr, je kleiner sie sind, und besonders, je größer die Oberfläche im Verhältnis zum Inhalt ist. Bei starken Stücken kühlen die äußeren Schichten erheblich rascher ab als die inneren: die Abschreckwirkung nimmt von außen nach innen allmählich ab.

C-Stähle über ≈ 15 mm härten infolge der großen erforderlichen Abkühlungsgeschwindigkeit nur an den Außenseiten. Der Kern bleibt ungehärtet. Solche Stähle können sich aber trotz gleicher chemischer Zusammensetzung beim Härten

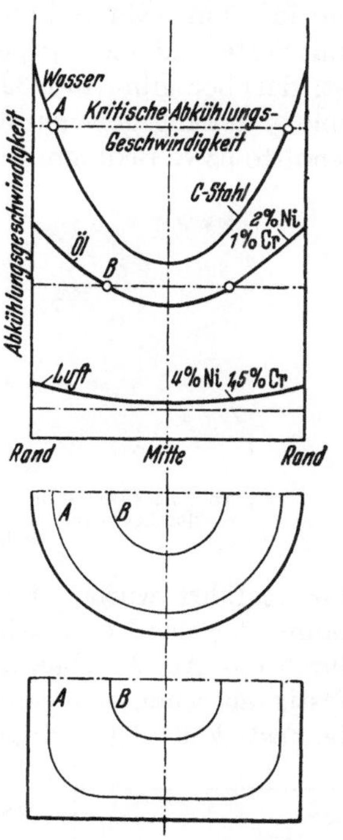

Abb. 30. Schematische Darstellung der Durchhärtung verschieden legierter Stähle (nach HOUDREMONT)

---

[1] s. Fußn. 1, S. 19.

verschieden verhalten (s. Abb. 44). Ni, Mn, Cr, Si u. andere Elemente erniedrigen die kritische Geschwindigkeit und gestatten damit die Durchhärtung größerer Querschnitte. Abb. 30 stellt schematisch die Durchhärtung von unlegierten und legierten Cr–Ni-Stählen dar, Abb. 31 u. 32 zeigen Bruchproben dazu. Entsprechend der an einer Stelle eines Querschnitts herrschenden Abkühlgeschwindigkeit stellen sich die jeweiligen Gefügezustände ein (Abschn. 14). Somit sind die mechanischen Kennwerte sowohl in den Schichten eines Querschnittes als auch im Mittel der verschieden großen Querschnitte unterschiedlich:

a) Die Festigkeit σ_B unlegierter C-Stähle kann auf über das Dreifache ihres ursprünglichen Wertes (Glühfestigkeit) anwachsen. Was äußerst, allerdings nur in dünnen Querschnitten für in Wasser gehärtete unlegierte und niedrig gekohlte Stähle, zu erreichen ist, darüber gibt Abb. 33 einen Überblick. Die hier und später angegebenen Werte gelten nur für die Querschnitte bzw. Bedingungen, unter denen der Versuch

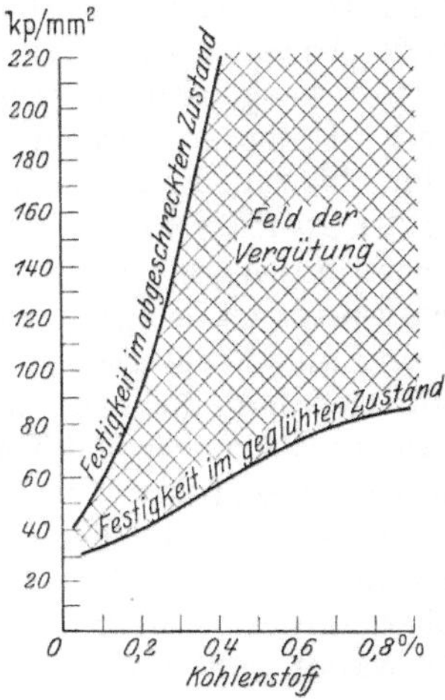

Abb. 33. Steigerung der Festigkeit durch Abschrecken

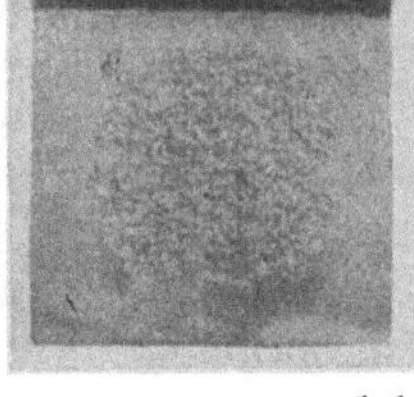

Abb. 31. Cr-Ni-Stahl, durchgehärtet   1:1

Abb. 32. C-Stahl, nicht durchgehärtet   1:1

(nach RAPATZ)

durchgeführt wurde. Bei starken Querschnitten wird die Festigkeit der C-Stähle kaum über das 1,5···2fache zu steigern sein. Bei hochgekohlten Stählen entstehen durch das Abschrecken auch noch starke innere Spannungen, so daß trotz hoher Festigkeit schon eine geringe Belastung den Bruch herbeiführen kann und dadurch die Festigkeit viel niedriger erscheint als sie tatsächlich ist. Sie wird daher bei ganz hohen Werten nicht unmittelbar, sondern aus der Brinell- oder Rockwellhärte bestimmt.

b) Die Streckgrenze verhält sich ähnlich wie die Festigkeit, nur daß sie meist verhältnismäßig noch mehr erhöht wird. Abb. 34 zeigt die Ungleichmäßigkeit der Zunahme für einen dicken Querschnitt: Vor dem Abschrecken war die Streckgrenze über den ganzen Querschnitt 40 kp/mm², nachher außen 72, innen 54.

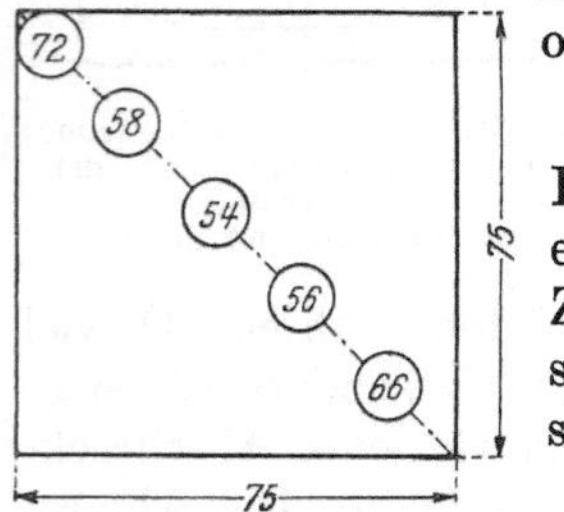

Abb. 34. Streckgrenze nach dem Abschrecken

c) Die Bruchdehnung nimmt stark ab. Bei den weichsten Stahlsorten fällt sie schon auf etwa die Hälfte, also z. B. von 34% auf ungefähr 15···17%; bei den kohlenstoffreicheren Sorten nimmt sie noch mehr ab und kann z. B. bei 0,7% C schon fast 0 werden. Das gleiche gilt für die Einschnürung.

Weniger stark ist der Einfluß beim Abschrecken in Öl oder anderen milder als Wasser wirkenden Flüssigkeiten. In Tab. 2 sind für 3 Stähle die Ergebnisse von Zerreißversuchen zusammengestellt. Sie zeigen die Abnahme der Dehnung und die Zunahme der Festigkeit mit zunehmender Abkühlgeschwindigkeit.

Tabelle 2. *Einfluß der Abschreckgeschwindigkeit auf Festigkeit und Bruchdehnung, ermittelt an Zugproben von 20 mm Durchmesser*

Vorbehandlung	C = 0,1%		C = 0,5%		C = 0,7%	
	σ_B kp/mm²	δ %	σ_B kp/mm²	δ %	σ_B kp/mm²	δ %
geglüht	35	34,5	52	26	66,5	19
Ölhärtung	42	25	68,5	9,5	97	8,5
Wasserhärtung	52	16,7	92	5,3	132	0,7

d) Die **Härte** nimmt stark zu. So steigert sich die Brinellhärte um etwa 100% bei den weichsten Stählen bis über 300% bei den festeren.

Aus Abb. 35 erkennt man, daß die Abschreckhärte bei zunehmendem C-Gehalt zunächst sehr schnell, dann langsamer wächst und von 0,9% C an nur noch unbedeutend zunimmt. Die Härtewerte gelten für die Oberfläche der Werkstücke. Dicke Querschnitte sind nach innen zu weicher, weil die Abkühlungsgeschwindigkeit dort zwangsläufig geringer ist. Der innere Teil, der Kern, ist daher auch bei härtestem Stahl selbst nach schroffstem Abschrecken niemals glashart. Abb. 36 zeigt den Querschnitt eines abgeschreckten Stahles mit 1,3% C in 1,25facher Vergrößerung bei üblicher Härtung. Der helle Streifen außen ist die glasharte Schicht. Die Härte, mit dem Skleroskop (Abschn. 53) gemessen, beträgt innen bei *c*: 51, bei *b*: 62, bei *a*: 88, am äußersten Rande: 100.

26. Einfluß der Abschrecktemperatur. Bislang wurde Erwärmung auf die richtige Härtetemperatur vorausgesetzt. Es wurde weiter angenommen, daß die Temperatur, von der abgeschreckt wurde (Abschrecktemperatur), die höchste Härte und Festigkeit ergab. Sie liegt stets über 721° (über A_{c1}) und bei den niedriger gekohlten (untereutektoiden) Stählen um so höher, je niedriger der Kohlenstoffgehalt ist (über A_{c3}). Jede

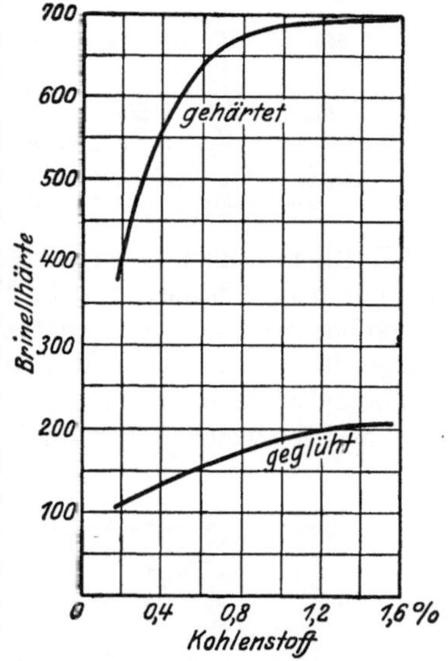

Abb. 35. Brinellhärte von geglühtem und abgeschrecktem (gehärteten) Stahl. (HB-Werte umgerechnet aus HRC-Werten)

größere Abweichung von der günstigsten Temperatur hat Verminderung der Härte und Festigkeit zur Folge. Liegt die Temperatur erheblich unter der günstigsten, so erzielt man durch das Abschrecken eine viel kleinere Härte und Festigkeit. Entsprechend wird auch beim Überschreiten der günstigsten Temperatur die erreichbare Härte und Festigkeit mit wachsender Temperatur geringer. Abb. 37 zeigt den Einfluß verschiedener Abschrecktemperaturen auf die Festigkeit eines Stahls mit 0,27% C, dessen günstigste Temperatur bei etwa 800° liegt. Abb. 38 stellt den Einfluß verschiedener Abschrecktemperaturen auf die Skleroskophärte von gebräuchlichen Werkzeugstählen mit 1,4% C und 1% C

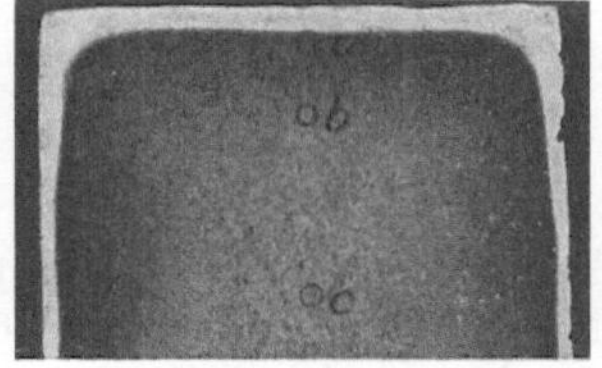

1,25:1

Abb. 36. Querschnittsfläche eines abgeschreckten Stahls mit 1,3% C

dar, deren günstigste Abschrecktemperatur bei etwa 740 bzw. 770° liegt. Man sieht, daß bei etwa 20° weniger die Härte viel geringer ist und daß sie auch beim Überschreiten der günstigsten Temperatur stark abnimmt, bei dem hochgekohlten Stahl rascher als bei dem niedriger gekohlten.

Die Abschrecktemperatur hat auf die Dehnung und Zähigkeit einen ganz anderen
Einfluß als auf die Festigkeit und Härte. Bei der günstigsten Abschrecktemperatur
nehmen Dehnung und Zähigkeit stark ab, und noch mehr, wenn man über die
günstigste Temperatur hinausgeht; ein verbrannter Stahl ist auch nach dem Abschrecken mürbe. Dagegen bleiben Dehnung und Zähigkeit größer, wenn der Stahl
erheblich unter der günstigsten Temperatur abgeschreckt wird.

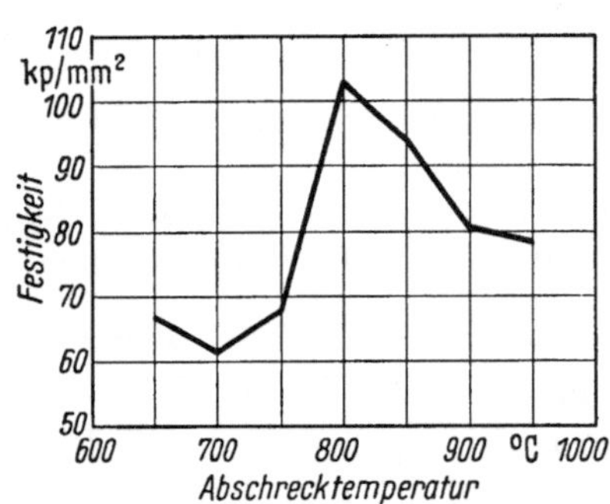

Abb. 37. Abhängigkeit der Festigkeit von der
Abschrecktemperatur (C = 0,27%)

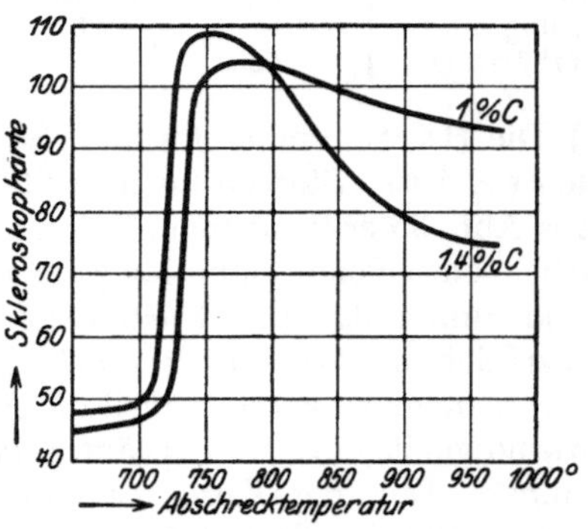

Abb. 38. Abhängigkeit der Härte von der
Abschrecktemperatur bei Werkzeugstählen

27. Die richtigen Abschrecktemperaturen. Aus Abschn. 12 ist bekannt, daß sich
Austenit beim Abschrecken in Martensit verwandelt. Erhitzt man 20…30° über
A_{c3}, so hat man die Abschrecktemperatur für reinen Martensit und damit auch die
richtige Härtetemperatur für *untereutektoide Stähle* (C-Gehalt $< 0,9\%$). Denn bliebe
man beim Erhitzen unter A_{c3}, so würde man nach dem Abschrecken im Gefüge neben
Martensit den weichen Ferrit haben, also keine durchgehende Erhöhung der Festig-

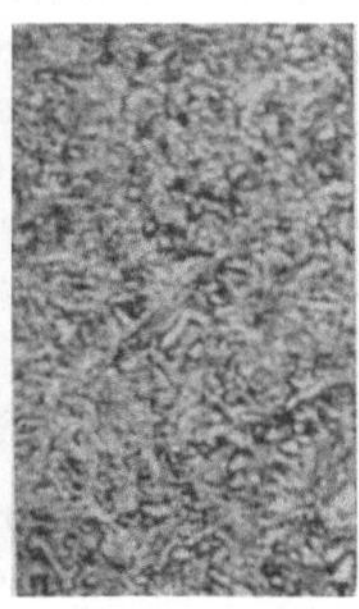

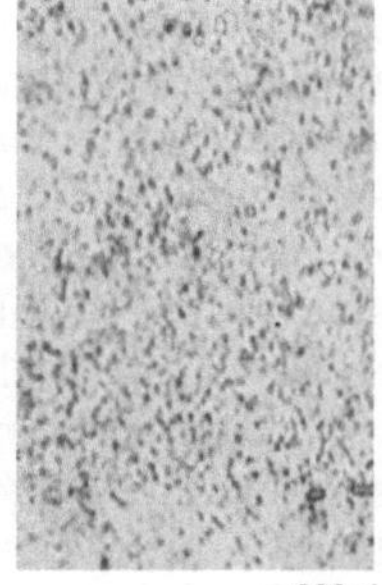

400:1   600:1   600:1

Abb. 39. Martensit in Stahl 1,1% C, überhitzt | Abb. 40. Feinkörniger | Abb. 41. Feinkörniger
und verbrannt (vgl. Abb. 13) | Martensit von | Martensit mit Zementit-
| eutektoidem Stahl | körnern von über-
| | eutektoidem Stahl

keitseigenschaften. Ginge man andererseits erheblich höher über A_{c3}, so würde der
Martensit gröber werden; denn je höher die Temperatur, um so gröber formen sich
die Austenitkristalle ein, und um so grobnadliger wird der Martensit.

Da für den eutektoiden Stahl A_{c3} und A_{c1} zusammenfällt, kommt hier etwas an-
deres für die Martensitbildung als ein Erhitzen kurz über A_{c1} nicht in Frage. Aber auch
für die übereutektoiden Stähle (C-Gehalt $> 0,9\%$) ist es weder nötig noch zulässig,
höher zu gehen. Nicht nötig, weil der Zementit, der dann neben Martensit im Gefüge
auftritt, sogar härter ist als dieser, nicht zulässig, weil bei hohem C-Gehalt der Martensit von Temperaturen erheblich über A_{c1} grob wird, um so gröber, je höher der

C-Gehalt ist (Abb. 39 u. 13). Sonach liegen für Stahl jeden C-Gehalts die grundsätzlich richtigen Härtetemperaturen 20···30° über der Linie $GOSK$ in Abb. 10.

Einen ähnlich ungünstigen Einfluß, wie zu hohe Temperatur, hat zu lange Haltezeit auf den Martensit, so daß als maßgebend für das Härten von Stahl die Vorschrift gilt: *Nicht höher und nicht länger erhitzen, als daß gerade aller Ferrit und Perlit* (nicht aber der freie Zementit!) sich zu *Austenit* aufgelöst haben. Dann erhält man den feinsten Martensit. Abb. 40 zeigt derartigen feinen Martensit in eutektoidem, Abb. 41 einen solchen mit Zementitkörnern in übereutektoidem Stahl.

Da A_{r1} tiefer liegt als A_{c1} (Abb. 11), ist es unter Umständen angängig oder gar vorteilhaft, wenn der Stahl nach dem Erhitzen auf Härtetemperatur erst ein wenig abkühlt, bevor er abgeschreckt wird (Abschrecktemperatur).

Außer vom C-Gehalt hängt die Abschrecktemperatur auch noch vom Mn-Gehalt ab, da Mn die Lage der Umwandlungslinien beeinflußt: ein erhöhter Mn-Gehalt drückt sie hinunter (Abschn. 49). Vom Einfluß des Querschnitts wird weiter unten die Rede sein. Ist die richtige Abschrecktemperatur für einen Stahl nicht bekannt, so kann man sie durch Beobachtung von A_{c1} bzw. A_{c3} oder durch praktische Versuche ermitteln. Die Beobachtung von A erfordert wissenschaftliche Geräte (Thermoelemente mit Linienschreiber, Spiegelgalvanometer, Dilatometer oder dgl.); aller-

≈ 1050°   ≈ 900°   ≈ 840°   ≈ 760°   ≈ 680°

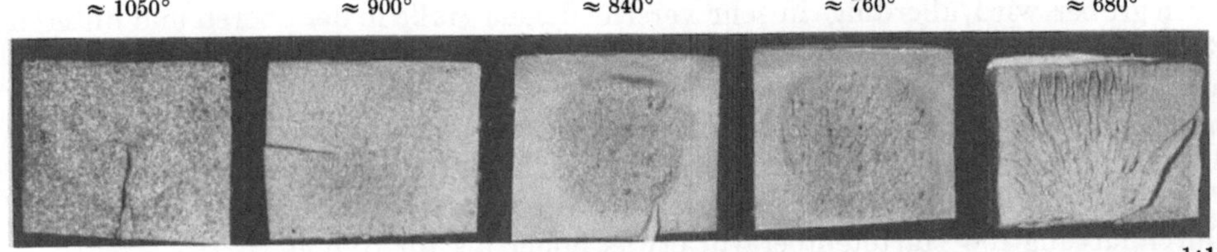

1:1

Abb. 42. METCALFsche Härteprobe. Bruchaussehen von Stahl mit 1,2% C und 0,4% Mn bei verschiedenen Abschrecktemperaturen. Stab von 20 mm ⧠ in Abständen von 10···20 mm leicht eingekerbt, ungleichmäßig im Schmiedefeuer erhitzt, dann abgeschreckt und an den Kerbstellen gebrochen

dings gibt es auch elektrisch geheizte, sog. Haltepunktöfen[1] für die Werkstatt, die für jedes Werkstück selbsttätig die Haltepunktkurve aufzeichnen und so die richtige Abschrecktemperatur genau zu bestimmen und einzuhalten gestatten. Die praktischen Versuche bestehen darin, daß man kleine (am besten eingekerbte) Stückchen des Stahles bei verschiedenen Temperaturen abschreckt und dann bricht: dem feinsten Bruchkorn entspricht die richtige Härtetemperatur. Daß der Unterschied zwischen diesem feinen Bruchkorn bei richtiger Härtetemperatur und dem bei zu hoher und zu niedriger Temperatur deutlich erkennbar ist, zeigt Abb. 42 (METCALFsche Probe).

28. Abschrecktemperatur und Durchhärtung (Einfluß der Querschnittsgröße).

Martensit entsteht beim Abschrecken im ganzen Werkstück nur dann, wenn auch in der innersten Schicht, also im Kern, die kritische Abkühlgeschwindigkeit erreicht worden ist. Hat es einen großen Querschnitt, so wird wohl in den äußeren Schichten die Wärme so rasch abgeleitet, daß die kritische Abkühlungsgeschwindigkeit erreicht oder überschritten wird und sich Martensit bildet, im Innern dagegen nicht: hier entstehen durch geringere Abkühlungsgeschwindigkeit nur Übergangsgefüge. Abb. 43 A zeigt das Bruchaussehen dreier verschieden dicker zylindrischer Stücke aus Stahl mit 0,75% C, die von 760° in Wasser abgeschreckt wurden. Bei 15 mm Durchmesser ist der Querschnitt gleichmäßig durchgehärtet, bei 20 und mehr noch bei 25 mm Durchmesser hat sich eine Kernzone von Troostit gebildet. — Nun hat die Erfahrung gezeigt, daß — aus noch nicht ganz durchsichtigen

[1] s. Fußn. 1, S. 19.

Gründen — mit wachsender Härtetemperatur die kritische Geschwindigkeit abnimmt, daß also mit wachsender Härtetemperatur der Querschnitt weiter nach innen durchhärtet. Abb. 43 B zeigt das an den beiden größeren zylindrischen Stücken, die hier von 920° abgeschreckt sind: Bei 20 mm Durchmesser ist der Querschnitt jetzt ganz durchgehärtet, bei 25 mm Durchmesser ist der Troostitkern

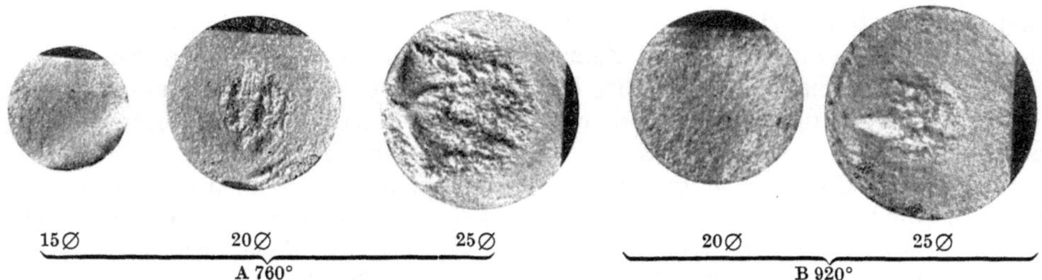

Abb. 43. Stahl mit verschiedenen Querschnitten von verschiedenen Temperaturen abgeschreckt
(nach Krupp'schen Monatsheften)

erheblich verkleinert. Auch Abb. 44 zeigt diese Wirkung der wachsenden Härtetemperatur; sie zeigt aber auch deutlich, daß mit wachsender Temperatur das Korn gröber wird, allerdings in sehr verschiedenem Maße in der oberen und unteren Reihe. Die obere Reihe stammt von einem sauren Tiegelstahl, die untere von einem sonst ganz gleichen basischen Elektrostahl. Es zeigt sich also, daß die Überhitzungsempfindlichkeit sehr verschieden ist nach Art des Stahles. Auf jeden Fall ist bei der Anwendung höherer Härtetemperaturen als 20···30° über Linie *GOSK* (Abb. 10) Vorsicht geboten; doch nimmt man häufig für dickere Stücke wegen der tieferen Durchhärtung die Härtetemperatur etwas höher als für dünne.

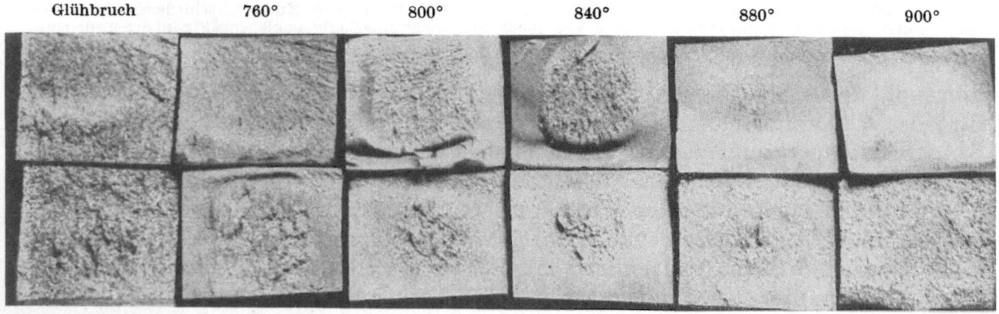

Abb. 44. Einfluß der Abschrecktemperatur. Obere Reihe: Härteunempfindlicher, saurer Tiegelstahl mit 1% C, 0,3% Mn.
Untere Reihe: Härteempfindlicher, basischer Elektrostahl mit 1% C, 0,3 %Mn. Natürliche Größe der Bruchproben
20 mm ⌷

29. Warmbadhärtung. Das Härten besteht wesentlich darin, beim Abkühlen die Umwandlung des Austenits in Perlit zu verhindern. Nach Abb. 16 u. 50 bedeutet dies: Man muß so schnell abkühlen, daß die Abkühlungskurve am Knie der S-Kurve bei 550° vorbeiführt. Der Austenit bildet sich dann bei einer niederen Temperatur in Martensit um. Die Martensitgrenze liegt für Cr–Ni–W-Stähle, Schnellstähle u. a. zwischen 560° und 300°, für Cr-, Cr–Mn-Stähle u. a. unter 220°.

In dem Gebiet zwischen der Perlitumwandlung bei etwa 550° (für unlegierte Stähle) und der Martensitumwandlung bei etwa 250° ist die Umwandlungsgeschwindigkeit des Austenits sehr gering, so daß man ihn nach raschem Abkühlen durch die Perlitstufe bis zu irgendeiner Temperatur oberhalb der Martensitgrenze, z. B. bis 400°, führen und dort eine Zeitlang festhalten kann. In diesem Zustande ist der

Stahl noch gut weich und biegsam und kann ohne Bruchgefahr gerichtet werden. Zur Umwandlung in Martensit genügt dann langsames Abkühlen an Luft durch die Martensitgrenze bis zur Zimmertemperatur, wobei der Stahl allmählich die höchste Härte annimmt. Die Umwandlung und damit die Härteannahme läßt sich in einfacher Weise mit einem Magneten verfolgen. Diese Art des Härtens heißt *Stufenhärtung* oder auch *Warmbadhärtung*, weil dabei der Stahl in einem entsprechend warmen Bad (aus Blei oder Salzgemischen) abgeschreckt wird. Die besondere Bedeutung dieses Verfahrens liegt darin, daß es dem Werkstück Gelegenheit gibt, das gesamte Temperaturgefälle zwischen Abschrecktemperatur und Raumtemperatur in zwei Stufen zurückzulegen. Die erste Gefällstufe bis zur Warmbadtemperatur wird dabei im austenitischen, das ist weichen, Zustand durchlaufen. Die mit der Abkühlung verbundene (thermische) Volumenverringerung ist nur gering und entspricht der Gefällhöhe. Infolge unvermeidbarer Unterschiede in der Abkühlung entstehen zwischen Oberfläche und Innerem Spannungen, die sich aber im weichen Werkstück ausreichend ausgleichen können. Die erst nach dem Temperaturausgleich zu durchlaufende zweite Gefällstrecke wird langsamer durchlaufen, da der Temperaturunterschied gegen die Raumtemperatur fortlaufend geringer wird. Dabei setzt die Martensitbildung zeitlich nacheinander ein. Damit verbunden ist eine Volumenvergrößerung (Abschn. 17). Der Höhe der Umwandlungstemperatur entsprechend entsteht im wesentlichen kubischer Martensit, der von beiden Martensitgitterformen das kleinere Volumen besitzt. Auf diese Weise entstehen geringere Umwandlungsspannungen als wenn z. B. von der Abschrecktemperatur in Wasser oder Öl abgekühlt wird, wobei zunächst tetragonaler Martensit entsteht, der durch Anlassen in den räumlich kleineren kubischen überführt wird. Die entscheidende Bedeutung der Warmbadhärtung liegt demnach darin, daß sie das Auftreten der Abkühlungs- und Umwandlungsspannungen zeitlich trennt. Das hat zur Folge, daß so gehärtete Stahlteile weniger Formänderungen und Spannungen haben als beim Abschrecken unmittelbar auf Raumtemperatur. Diese Behandlung ist jedoch nur für legierte Stähle brauchbar; Kohlenstoffstähle werden dabei nicht hart genug, weil das Temperaturgefälle und damit die Abkühlgeschwindigkeit zu klein ist.

30. Sonstige Härteverfahren. a) Härten aus der Walz- und Schmiedehitze. Beim Warmformen werden die für den Stahl noch zulässigen höchsten Temperaturen angewendet, wobei die Karbide und sonstige Keime in Lösung gebracht werden. Die Endverformung wird der Härtetemperatur der Legierung durch Temperaturüberwachung angepaßt und nachfolgend wird abgeschreckt. Es wird durch die Verformung und unmittelbare Abschreckung ein Zustand höchster Keimfreiheit, ein homogenes Gefüge erzielt und Ausscheidungen von Ferrit und Karbiden werden zu niedrigeren Temperaturen verschoben.

Infolge des homogenen Gefüges, das durch die Härtung aus der Warmformungshitze entsteht, werden bei wasserhärtbaren Baustählen die Vergütungsergebnisse und die Durchhärtung, bei Werkzeugstählen die Leistungen erhöht. Das homogene Gefüge, die höheren Gütewerte und höhere Leistungen bleiben bei gewöhnlicher Nachhärtung meist auch dann erhalten, wenn der Stahl z. B. zwecks Bearbeitung mit spanabhebenden Werkzeugen vorher weich geglüht werden muß. Aus der Warmformungshitze gehärtete Teile werden vorzugsweise durch Anlassen vergütet.

b) Doppeltes Härten. Außer im Einsatz zu härtenden Teilen werden Werkzeuge aus W- oder sonderkarbidhaltigen Stählen (Abschn. 49) mit großen Karbidzusammenballungen, die durch Glühen od. dgl. entstanden sind, doppelt gehärtet. Bei der ersten Härtung, die $\approx 50\cdots80°$ höher gewählt wird, werden die Karbide teilweise gelöst. Durch die anschließende Erhitzung auf übliche Härtetemperatur gehen die Restkarbide ganz oder zum größten Teil in Lösung und verteilen sich gleichmäßig in der Grundmasse, wodurch gewöhnliche Härtefähigkeit und Feinkörnigkeit erzielt werden.

c) Die Aus(scheidungs)härtung beruht nach Abschn. 24 auf der Ausscheidung harter Gefügebestandteile infolge Übersättigung, nicht auf einer Umwandlung des Atomgitters, wie bei der Bildung von Martensit aus Austenit. Durch das Glühen sollen reichlich Mischkristalle gebildet werden, durch das Abschrecken soll ein Zerfall der Mischkristalle verhindert werden. Hinterher spielen sich dann in den Mischkristallen Vorgänge ab, die die Erhöhung der Härte zur Folge haben.

Das Aushärten hat für Kohlenstoffstahl nur geringe Bedeutung, weil ja, um eine Umwandlung beim Abschrecken zu vermeiden, die ganze Behandlung sich im Gebiete des α-Eisens abspielen müßte, in dem sich nur ganz geringe Mengen von Mischkristallen bilden können. Immerhin ist bei sehr niedrigem C-Gehalt und besonders nach Kaltverformung von Flußstahl eine Aushärtung möglich: man erhitzt auf 500 bis 600° und schreckt in Wasser ab, worauf nach rd. 12 h eine Verfestigung (bis um 15 kp/mm²) eintritt.

Die größte Bedeutung hat die Aushärtung für Al-Legierungen und Guß-Magnet- (Ni–Al–Ti–Co-Cu-) Legierungen (Alnimagnete), doch spielt sie für wolfram-chrom- und molybdänlegierte Stähle (Schnellstähle vor allem) eine nicht zu unterschätzende Rolle (Abschn. 52). Das Härtegefüge wird dadurch unempfindlicher gegen Temperaturerhöhungen (anlaßbeständiger).

31. Nachbehandlung zu härtender Teile. Im Gegensatz zum Vergüten, wobei die Härte durch Anlassen kräftig gesenkt werden soll, darf beim *Anlassen nach dem Härten* die erzielte Härte nur geringfügig gemindert werden. Dies wird erreicht durch Anlaßtemperaturen zwischen 160 und 200°. Hierbei wandelt sich etwaiger durch das Abschrecken entstandener Restaustenit in Martensit um. Damit steigt die Härte. Auf der anderen Seite wird der anfänglich vorhandene sehr harte und spröde tetragonale Martensit in die kubische Form überführt, womit eine Volumenverringerung und eine Härteminderung um etwa 2···3 HRC-Einheiten (Abschn. 53) verbunden ist. Insgesamt wirkt diese Behandlung spannungsmildernd, weshalb sie auch als Entspannen bezeichnet wird. Sie gehört als Nachbehandlung zu jeder Härtung und bedarf keiner besonderen Erwähnung. Auch nach einer Warmbadhärtung (Abschn. 29), bei der überwiegend kubischer Martensit schon bei der Abkühlung entsteht, empfiehlt sich immer die entspannende Nachbehandlung[1].

Ausgehend von der Feststellung, daß das Härtegefüge ein Zwangszustand ist (Abschn. 12), muß damit gerechnet werden, daß sich im Laufe der Zeit unter den Betriebsbedingungen Änderungen der Eigenschaften einstellen (natürliches Altern). Für Teile von hoher Genauigkeit, z. B. Meßwerkzeuge und feinmechanische Geräte, ist jedoch die Maßhaltigkeit eine entscheidende Voraussetzung. Da diese Teile aus Verschleißgründen vielfach gehärtet sind, ergeben sich mehrere Ursachen für spätere Maßänderungen: erstens vorhandener Restaustenit, der sich im Laufe der Zeit zu Martensit verwandelt; weiter kann noch vorhandener tetragonaler Martensit in die stabilere Form des kubischen übergehen. Diese Erscheinungen sowie auch die Auslösung vorhandener Abschreckspannungen sind mit Maß- oder Gestaltänderungen in der Größenordnung von wenigen μ verbunden. Um den Einfluß der Zeit vorweg zu nehmen, werden solche Präzisionsteile *künstlich gealtert*. Das kann durch mehrfaches Erwärmen auf Temperaturen zwischen 140 und 160° geschehen, wobei die folgende Erwärmung zweckmäßig nach vorhergehender völliger Abkühlung immer um einige Temperaturgrade höher gewählt wird. Die Temperaturen werden einige Stunden bis Tage gehalten.

---

[1] Anlaßbehandlungen zu härtender Teile bei höheren Temperaturen oder auch mehrfaches Anlassen, wie bei Schnellarbeitsstählen, s. Abschn. 51 u. 52.

B. Vergüten

32. Wirkung des Anlassens. Fast immer folgt dem Abschrecken ein Wiedererwärmen, „Anlassen" genannt, um die durch das Abschrecken erzeugte Sprödigkeit zu mildern und auch den inneren Spannungen die Möglichkeit zu geben, sich auszugleichen. Mit steigender Anlaßtemperatur nehmen Dehnung und Zähigkeit zu, Härte und Festigkeit ab, außer bei Schnellstählen, Warmarbeitsstählen u. dgl. und bei aushärtbaren Legierungen, deren Härte beim Anlassen bis zu bestimmten Temperaturen zunimmt. Die Anlaßwirkung ist abhängig von der Legierung, schroffem oder mildem Abschrecken, der Werkstoffdicke und der Anlaßzeit; sie ist um so stärker, je niedriger der Stahl legiert, je dünner die Abmessung und je höher der C-Gehalt ist.

Beim Anlassen an freier Luft oder in sauerstoffhaltigen Bädern nimmt blanker Stahl zwischen 180 und 400° nachstehende Anlaßfarben an:

20°	. . . blank	260°	. . . purpur	320°	. . . hellblau
200°	. . . blaßgelb	280°	. . . violett	350°	. . . blaugrau
220°	. . . strohgelb	290°	. . . dunkelblau	400°	. . . grau
240°	. . . braun	300°	. . . kornblumenblau		

Der Farbton ist abhängig von der Temperaturhöhe, der Zeit und der Legierung. Die aufgeführten Anlaßfarben gelten (außer für hochchromhaltige und rostfreie Stähle), wie in der Praxis bei Werkzeugen angewendet, für einige Minuten Anlaßzeit. Bei nur sekundenlanger Dauer entsprechen die Farben höheren, bei entsprechend längerer Dauer tieferen Anlaßtemperaturen. So erhielt ein Stahlstück aus C-Stahl ungefähr denselben Anlaßzustand, wenn es einige Minuten bei 260° angelassen wurde oder 10 Stunden bei 150°. Bei dicken Abmessungen gleicher Legierung muß man erfahrungsgemäß, um den Zustand bzw. gleiche Leistungen wie bei dünnen Abmessungen zu erzielen, bis zu 10 facher Dauer anlassen.

400:1

Abb. 45. Durch geeignete Abkühlung entstandenes Gefüge eines vergüteten Stahls mit Troostit und Sorbit

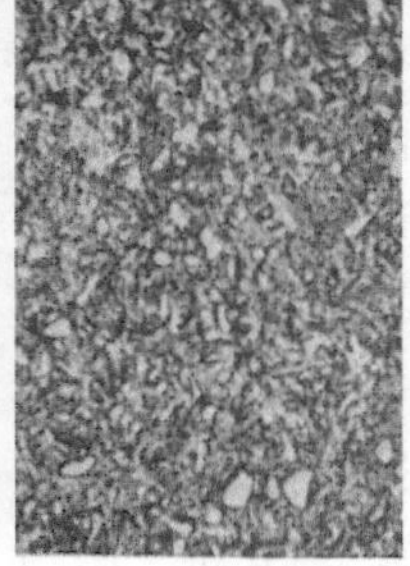

400:1

Abb. 46. Durch Härten und Anlassen entstandenes Vergütungsgefüge mit zerfallenem Martensit und freien Karbiden

Das Ziel des Anlassens beim Vergüten ist meist das homogene Vergütungsgefüge, dessen Gleichmäßigkeit und Feinheit die vorzüglichen mechanischen Eigenschaften ergibt. Rückblickend ist festzustellen, daß dieses feine Gefüge durch einen Kunstgriff erhalten wird: man verschafft sich erst durch Abschrecken eine Lösung der Bestandteile ineinander (Martensit) und läßt aus der Lösung durch vorsichtiges, wohl bemessenes Wiedererwärmen die Bestandteile sich in feiner Verteilung wieder ausscheiden.

Man kann nach Abschn. 14 Übergangsgefüge durch richtig gewählte Abkühlungsgeschwindigkeit unmittelbar erhalten, so daß zwei Wege für die Erzielung etwa gleicher mechanischer Eigenschaften zur Verfügung stehen: unmittelbar durch Abkühlen (Troostit und Sorbit, Abb. 45) und mittelbar durch schroffes Abschrecken mit folgendem Anlassen (Vergütungsgefüge, Abb. 45). Völlig stimmen die Gefüge, die man so erhält, im Aufbau nicht überein, auch ist das Gefüge nach schroffem Abschrecken und Anlassen etwas feiner, die Leistungen und die mechanischen Eigenschaften sind besser.

33. Anlassen von hochgekohltem Stahl (Werkzeugstahl). Die Änderung der Glashärte, der wichtigsten Eigenschaft der gehärteten Werkzeugstähle, beim Anlassen ist in Abb. 47 dargestellt für einen Stahl mit 0,97% C, der in Wasser abgeschreckt wurde. Man erkennt, daß die Härte sich nicht stetig, sondern sprungweise ändert, daß sie bis etwas über 200° nur wenig abnimmt, dann stark abfällt, wieder wenig

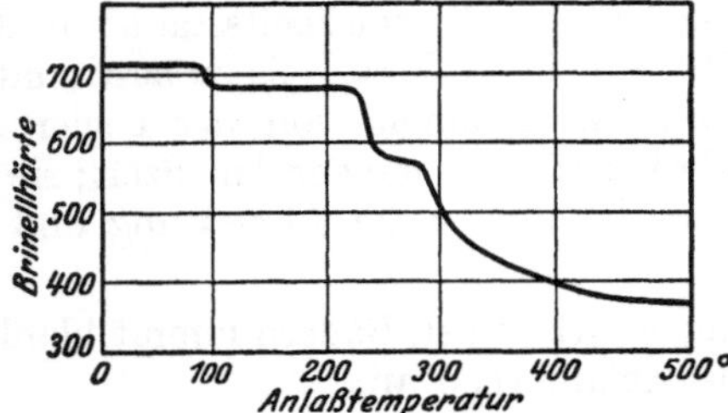

Abb. 47. Einfluß der Anlaßtemperatur auf die Härte
von Stahl mit 0,97% C

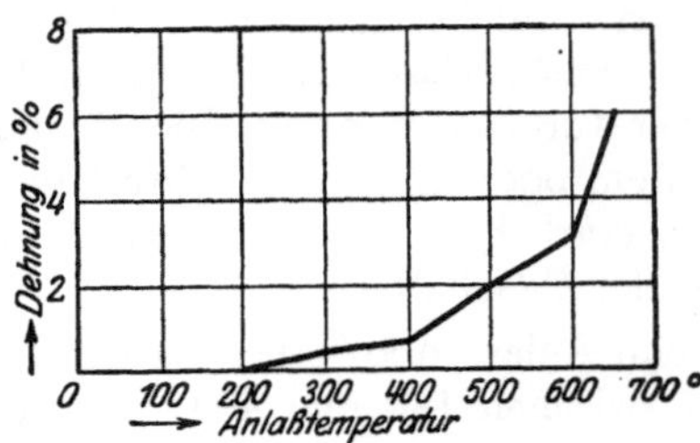

Abb. 48. Einfluß der Anlaßtemperatur
auf die Dehnung

und nochmals stärker, um schließlich allmählich abzusinken. Das ist der Grund, weshalb man Werkzeugstahl, bis mittelhart legiert, wenn er noch Glashärte behalten soll, nicht wesentlich über 200° anlassen darf, und daß man noch erheblich darunter bleibt, wenn höchste Härte und weniger Zähigkeit verlangt wird. Umgekehrt wächst die Dehnung, wie Abb. 48 zeigt, von etwa 200° an schon meßbar und steigt dann ziemlich stetig bis zum Höchstbetrag. Größere Zähigkeit kann also stets nur auf Kosten der Härte erreicht werden. Wie weit man die eine Eigenschaft auf Kosten der anderen erhöhen kann, hängt von dem Verwendungszweck des Werkstückes ab[1].

34. Anlassen von niedrig gekohltem Stahl (Baustahl). Im Gegensatz zu C- und niedrig legiertem Werkzeugstahl läßt man Baustahl meist recht hoch an, zuweilen bei rd. 700°, da viele Stähle erst bei den hohen Temperaturen ihre größte Zähigkeit bekommen. Die Anlaßtemperatur muß sich stets nach dem gewünschten Ergebnis richten. Die mechanischen Eigenschaften ändern sich bei den Baustählen folgendermaßen: *Festigkeit* und *Streckgrenze* nehmen mit steigender Anlaßtemperatur meist ab, jedoch nicht gleichmäßig,

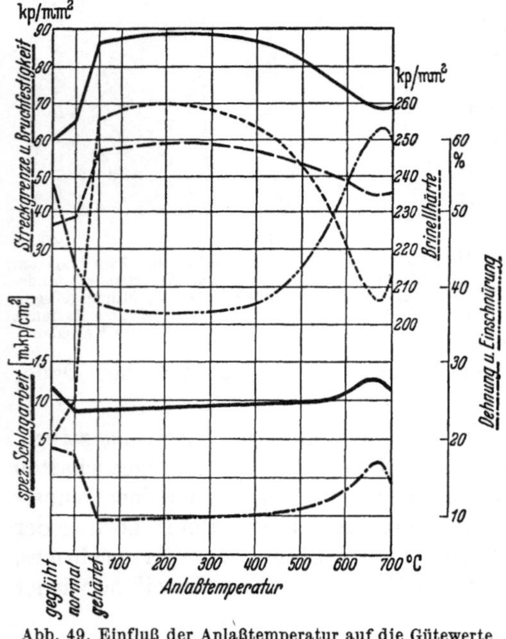

Abb. 49. Einfluß der Anlaßtemperatur auf die Gütewerte
eines Stahles mit 0,45% C

──────── Zugfestigkeit　　─·─·─·─ Dehnung
── ── ── Streckgenze　　─··─··─ Einschnürung
- - - - - Brinellhärte　　━━━━━ spez. Schlagarbeit

vielmehr zeigt sich manchmal bei 200···300° ein Höchstwert und häufiger bei 600···700° ein Tiefstwert, von dem ab die Werte wieder stark ansteigen. Die Dehnung nimmt meist einigermaßen stetig

---

[1] Abb. 47 u. 48 zeigen die Werte nach kurzer Durchwärmung. Längere Erwärmung bei tiefen Temperaturen (über ≈ 150°) wirkt wie kurze Erwärmung bei höheren Temperaturen.

zu, hat aber manchmal auch bei höheren Temperaturen einen Höchstwert, von dem sie dann bei weiterem Steigen der Temperatur wieder heruntergeht. Die Schlagzähigkeit hat fast immer zwischen 600 und 700° einen Höchstwert. Die *Härte* nimmt meistens langsam ab, im ganzen nicht sehr viel, da sie bei den niedrig gekohlten Stählen durch das Abschrecken von vornherein nicht groß wird.

Der Einfluß des Anlassens ist auch bei Konstruktionsstählen um so größer, je höher der Kohlenstoffgehalt des Stahles ist und je schroffer abgeschreckt wurde. Abb. 49 zeigt für einen Stahl mit etwa 0,45% C, der von 860° in Öl abgeschreckt und bis zu 700° angelassen wurde, die verschiedenen Gütewerte in Abhängigkeit von den Anlaßtemperaturen bei üblicher Anlaßdauer (= 15 Min.).

Tab. 3 zeigt deutlich den Einfluß des Querschnittes auf das Vergüten bei einem Stahl mit 0,5% C, der von 870° in Wasser abgeschreckt und dann 3 Stunden auf 460···480° angelassen wurde. Am stärksten ist der Einfluß auf die Kerbzähigkeit, die beim Querschnitt 160×160 nur $\frac{1}{2}$ so groß ist wie bei 30×30. Die Probestäbe wurden jeweils der Mitte des Querschnitts entnommen.

Neben einer Steigerung der mechanischen Werte hat das Vergüten noch Bedeutung in der

Tabelle 3. *Einfluß der Querschnittsgröße auf das Vergüten*

Querschnitt	30□	70□	160□	mm²
Streckgrenze	53	49	46	kp/mm²
Festigkeit	75	73	72	kp/mm²
Bruchdehnung	17,7	19	16	%
Schlagzähigkeit	15,5	11	8,6	kpm/cm²

Zerspanung, wo das homogene Gefüge bei empfindlichen Bearbeitungen (Formfräsen, Formdrehen u. ä.) zu einer verbesserten Oberfläche führt und gleichzeitig das Werkzeug schont.

35. Anlaßsprödigkeit. Die *Anlaßsprödigkeit* ist eine Verminderung der Kerbzähigkeit nach dem Vergüten. Sie kann bei Baustählen auftreten nach dem Härten und Anlassen auf 475···650° mit nachfolgendem langsamem Abkühlen. Die Kerbzähigkeit anlaßspröder Stähle kann bei gleicher Festigkeit bis auf $\approx \frac{1}{3}$ abfallen wobei dann stets ein körniges Bruchgefüge vorliegt. Die Ursache der Anlaßsprödigkeit ist noch nicht befriedigend geklärt. Man nimmt an, daß Ausscheidungen eines oder mehrerer Stoffe, die im kritischen Bereich liegen, oder aber unbekannte Ausscheidungen die Ursache sind.

Die einzelnen Schmelzungen der legierten Baustähle sind bei gleicher Legierung unterschiedlich in der Anfälligkeit beim Anlassen. *Verhindert* wird die Anlaßsprödigkeit bei anfälligen Baustählen durch rasches Abkühlen von der Anlaßtemperatur, die meist 500···600° beträgt, in Wasser oder Öl. Durch das schroffe Abkühlen wird der Stahl zähe. Es entstehen dabei aber Spannungen, besonders bei dicken Konstruktionsteilen und Teilen mit verschiedenen Querschnitten. Durch Glühen kurz unterhalb der Versprödungstemperatur, die je nach der Legierung 450···500° beträgt, und Abkühlen an Luft werden die Spannungen beseitigt. Diese Wärmebehandlung wird praktisch meist angewendet.

Legierte Baustähle, die über 0,2% Mo oder 0,5% W enthalten, sind *nicht* anlaßspröde. Durch sehr langsames Erwärmen auf 600···650° nehmen diese Stähle auch Anlaßsprödigkeit an. Bei der wirtschaftlichen Fertigung von vergütetem Stahl und von Konstruktionsteilen entfällt aber die Anlaßsprödigkeit durch Anlassen von üblicher Dauer.

36. Isotherme Vergütung. Die im Abschn. 15 besprochene Gefügeumwandlung durch Abschrecken auf eine Temperatur oberhalb des Martensitpunktes und anschließendes Halten auf dieser Temperatur bis zur völligen Umwandlung führt unter Umgehung der Martensitbildung und eines anschließenden Anlassens auf direktem Weg zur Bildung eines Vergütungsgefüges. Besonders aus dem Gebiet der unteren Zwischenstufe zwischen 250 und 350° lassen sich auf diese Weise höhere Zähigkeitswerte erzielen. Diese unmittelbare oder *Zwischenstufenvergütung* hat verschiedene Vorteile. Die Abschreck- und Gefügespannungen sind erheblich kleiner und führen zu weniger Verzug. Ebenso kann eine vorhandene Veranlagung zur Anlaßsprödigkeit sich nicht auswirken. Nachteilig jedoch ist der Umstand, daß die Lage der Grenzlinien für Umwandlungsbeginn und -ende (vgl. Abb. 16) sich durch Unterschiede in der Zusammensetzung und Erschmelzung des Stahls verschiebt. Dadurch wird die Gleichmäßigkeit der Ergebnisse einer Reihenfertigung gefährdet. Weiter zieht die Wandstärke der Bauteile eine Grenze für die Anwendung, da sich unterschiedliche Temperaturverteilungen und Abkühlungsgeschwindigkeiten im Querschnitt nie ganz vermeiden lassen. Dargestellt ist der Vergütungsvorgang in Abb. 50 Kurve 4. Während bei dickwandigen Teilen die Oberfläche nach Kurve *a* abkühlt und damit noch ohne Umwandlung im rein austenitischen Zustand die Umwandlungstemperatur von etwa 280° erreicht, ist dies bei *b* und *c* nicht mehr der Fall. Diese Kurven entsprechen der Abkühlung weiter innen liegender Schichten. Die Zone, die nach *b* abkühlt, gelangt teilweise in Perlit umgewandelt und diejenige, die nach *c* abkühlt, bereits vollständig in Perlit umgewandelt auf die vorgesehene Umwandlungstemperatur. Bei durchgreifend gleichem Gefüge verleiht die Zwischenstufenvergütung einen höheren Trennwiderstand (Zähigkeit) bei sonst gleicher Zugfestigkeit. Die Streckgrenze liegt jedoch niedriger als beim Vergüten durch Härten und Anlassen.

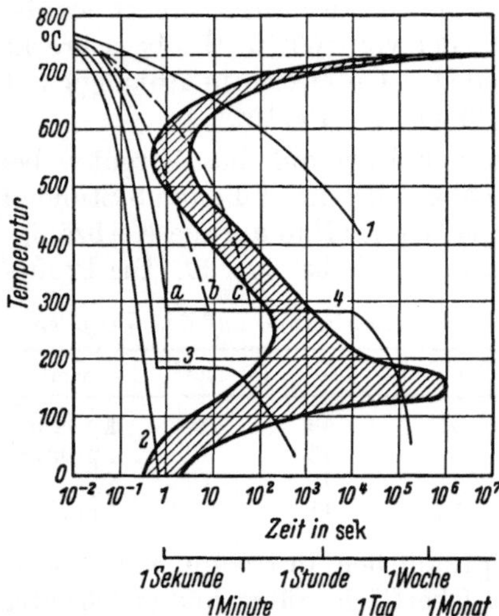

Abb. 50. Das Zeit-Temperatur-Umwandlungs-Schaubild entsprechend Abb. 16 mit Darstellung verschiedener Abkühlungsvorgänge
1 Normalglühen; *2* Wasser- oder Ölhärtung; *3* Warmbadhärtung; *4* Zwischenstufenvergütung, wobei der Rand nach *a*, der Kern nach *c* und die dazwischen liegenden Schichten nach *b* abkühlen

Als Abart der Zwischenstufenvergütung gilt das *Patentieren*, das in der Drahtindustrie gebräuchlich ist. Für Stahldrähte mit besonders hohen Festigkeits- und Zähigkeitseigenschaften wird ein günstiges Gefüge vor jeder Kaltverformung erzielt, wenn der Draht kurz oberhalb A_{c3} erhitzt und nachfolgend in einem Warmbad (Blei- oder Salzbad) von 400···600° oder an Luft abgekühlt wird (Blei- bzw. Luftpatentieren). Das Gefüge ist dann sorbitisch (Abb. 51). Durch das Patentieren werden die durch Kaltziehen in Längsrichtung verzerrten

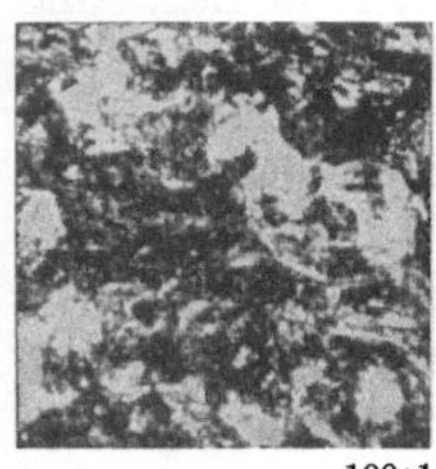
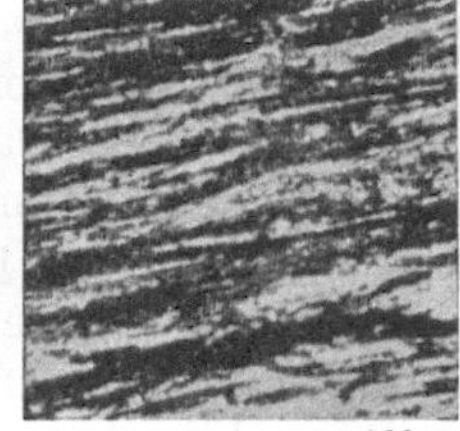

100:1   100:1

Abb. 51 u. 52. Gefüge von Stahldraht (0,45% C) bei 79% Querschnittsabnahme

Abb. 51. Gezogen und blei-   Abb. 52. Bleipatentiert
    patentiert   und gezogen
               (nach Stahl u. Eisen)

Kristalle der Abb. 52 wieder umgebildet. Nach dem letzten Kaltzug werden harte Drähte nicht mehr geglüht.

V. Oberflächenhärten

A. Einsatzhärten

37. Bedeutung des Einsatzhärtens. Beim Einsatzhärten werden fast oder völlig fertige Teile aus niedriggekohltem Stahl[1] in kohlenstoffabgebenden Mitteln geglüht. Man nennt diesen Vorgang Einsetzen, Aufkohlen oder — da sich hierbei Zementit bildet — auch Zementieren. Dabei reichert sich die Außenschicht mit Kohlenstoff an, so daß sie beim nachfolgenden Abschrecken glashart wird. Da der innere Teil des Werkstückes, der Kern, keinen Kohlenstoff aufnimmt und deshalb weich bleibt, erhält man beim Abschrecken Stücke, die glasharte Oberfläche mit weichem, zähem Kern verbinden. Die im Einsatz gehärteten Teile sind durch die harte Oberfläche sehr widerstandsfähig gegen Verschleiß, durch den zähen Kern widerstandsfähig gegen wechselnde und schlagartige Beanspruchung. *Vorzüge* der im Einsatz gehärteten Teile gegenüber solchen aus hochgekohltem und durchgehärtetem Stahl sind folgende:

1. Man kann im Einsatz gehärtete Teile hinterher innen leicht bearbeiten, z. B. Spindeln durchbohren; man kann auch Teile ihrer Oberfläche unter Umständen leicht bearbeiten, da die Aufkohlung durch Abdecken auf einzelne Stellen beschränkt werden kann.

2. Wegen des weich und zäh bleibenden Kernes verziehen und reißen die Teile beim Abschrecken weniger; infolgedessen eignet sich das Einsatzhärten gut für Teile, die ihre Form möglichst behalten sollen, weil man sie hinterher gar nicht oder nur schwer schleifen kann, wie z. B. Formlehren, Schnecken.

3. Die Bearbeitung der Teile ist leichter und billiger, da sie (abgesehen vom Schleifen) nur an dem weichen Stahl geschieht.

4. Einsatzstahl ist billiger als hochgekohlter Stahl, der meist Werkzeugstahl sein muß.

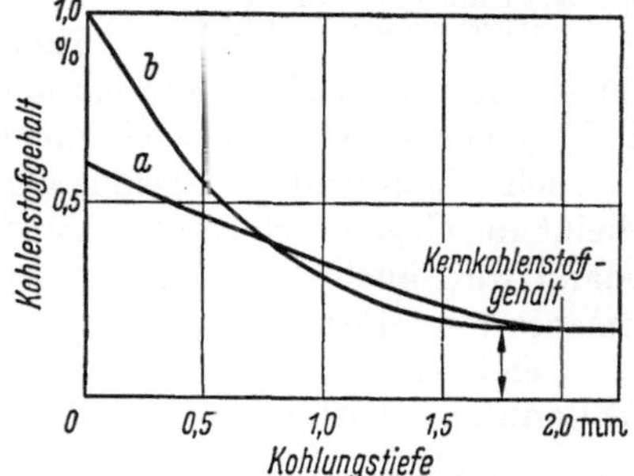

Abb. 53. Örtlicher Verlauf der Kohlungskurven bei unterschiedlichem Randkohlenstoffgehalt *a* mildes; *b* aktives Kohlungsmittel

5. Die im Einsatz gehärtete Oberfläche bietet eine hohe Sicherheit gegen Kerbwirkungen und Dauerbrüche (Abschn. 64).

Als *Nachteile* des Einsatzhärtens sind anzuführen:

1. Aufgekohlter Stahl ist nicht mehr einheitlich, sondern besteht aus einer ganzen Reihe von verschiedenen Eisen Kohlenstoff-Legierungen, da der Kohlenstoffgehalt von außen nach innen stetig abnimmt (vgl. Abb. 53).

2. Die richtige Wärmebehandlung erfordert viel Erfahrung und ist teuer.

3. Im Einsatz gehärtete Teile müssen vor dem Schleifen meist gerichtet werden, da nur wenig von der harten Schicht heruntergeschliffen werden darf.

Um der Vorzüge willen werden jahraus, jahrein große Mengen von Teilen aufgekohlt, besonders für den Fahrzeug-, Flugzeug- und Maschinenbau, wie Zahnräder, Lagerzapfen von Achsen, Spindeln und Wellen, Kolbenbolzen, Hebel, Nockenwellen, Steine, Scheiben, Führungen, Kettenglieder, Rollen, Wälzlager, Schlüssel, Köpfe und Enden von Schrauben usw. Dann Meßgeräte, wie Rachenlehren, Kaliberdorne, Formlehren, doch zuweilen auch Werkzeuge: Stempel und Schnitte, Schneidwerkzeuge, Kunststoffpreßwerkzeuge usw.

Das Einsatzhärten gliedert sich zeitlich in das Aufkohlen und das anschließende Härten.

---

[1] Einsatzstähle, vgl. Tab. 5, S. 45.

38. Der Kohlungsvorgang. Niedriggekohlter Stahl kann aus einer an Kohlenstoff reicheren Umgebung diesen durch Diffusion (Einwanderung, Durchdringung) aufnehmen und lösen. Die Diffusionsfähigkeit ist ein Stoffkennwert. Sie wächst mit der Temperatur. Die Lösungsfähigkeit beginnt merkbar erst bei Temperaturen kurz oberhalb A_{c1} mit der Umwandlung des α-Eisens, und erreicht kurz oberhalb

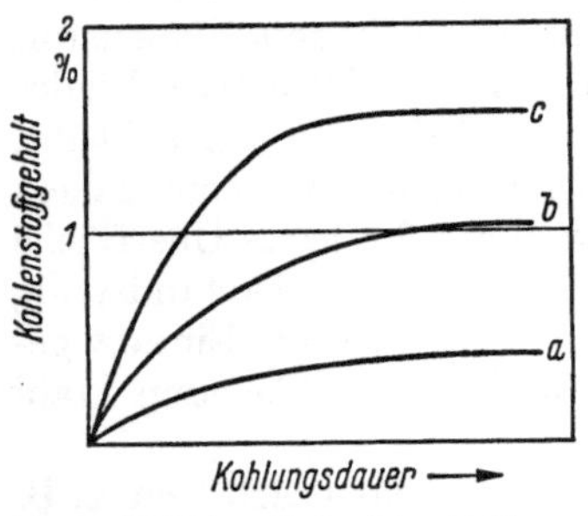

Abb. 54. Zeitlicher Verlauf der Kohlungskurven bei gleichbleibender Temperatur aber verschiedenen Kohlungsmitteln (schematisch)
a mildes; b mittleres; c aktiv (d.h. schnell) wirkendes Kohlungsmittel

A_{c3}, wenn alles α-Eisen in γ-Eisen umgewandelt ist, ihren Höchstwert. Die Kohlungsbedingungen sind weiter gekennzeichnet durch die Aktivität des C-abgebenden Mittels, sowie durch das Gefälle, das zwischen C-Gehalt des Kohlungsmittels und C-Gehalt des aufzukohlenden Stahls besteht (Abb. 54). Der C-Gehalt im Stahl erreicht nach einer bestimmten Zeit einen Höchstwert.

Der Kohlenstoff stammt aus festen, flüssigen oder gasförmigen Mitteln, mit denen das Werkstück umgeben wird. Die Träger des Kohlenstoffs in das Eisen sind gasförmige Verbindungen: Kohlenoxyd, Kohlenwasserstoffe und die Kohlenstoff-Stickstoff-Verbindungen (Zyanverbindungen). Die Rolle des Stickstoffes in den Stickstoffverbindungen — außer dem Zyan kommt noch Ammoniak als Stickstoff–Wasserstoff-Verbindung vor — ist zwar noch nicht völlig geklärt, aber zweifellos nicht gering, wie auch schon der Jahrtausende alte Gebrauch dieser Verbindungen zeigt. Einmal scheint die Gegenwart von Stickstoff die Zementation mit Kohlenstoff zu fördern, sodann wird auch Stickstoff unmittelbar aufgenommen und erhöht die Härte der Zementation (Härtung ausschließlich mit Stickstoff s. Abschn. 45). Aus den Gasen setzt sich Kohlenstoff am Stahl ab und verbindet sich mit dem Eisen zu Eisenkarbid, das dann im γ-Gitter gelöst wird.

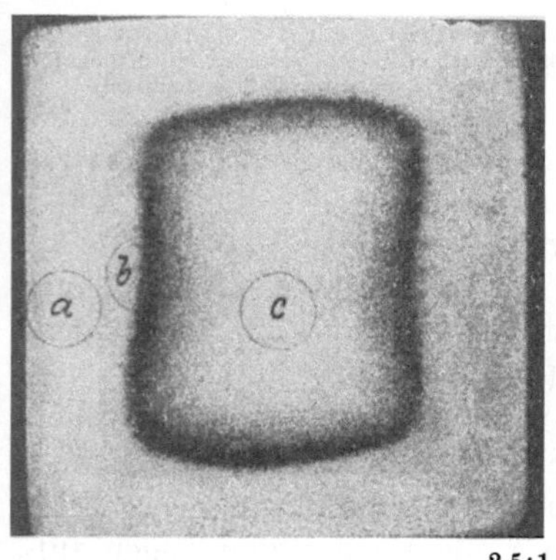

2,5:1

Abb. 55. Stark gekohlter Querschnitt (ungehärtet)

Wird nur eine *Teilaufkohlung* gewünscht, derart, daß beim späteren Härten nur bestimmte Stellen der Oberfläche hart werden, so schützt man die übrigen Flächen des Werkstückes durch knetbare oder auch flüssige Schutzmassen gegen die Wirkung von festen und gasförmigen Kohlungsmitteln. Bei flüssigen Kohlungsmitteln, Salzbädern, ist eine sichere Teilaufkohlung nur durch teilweises Einhängen der Teile ins Bad oder durch mechanische Abtragung der aufgekohlten Schicht möglich. Alle diese Maßnahmen verteuern eine Einsatzbehandlung erheblich.

Eine dünne, aber ungleichmäßige Kohlung für einfache Teile erreicht man durch Aufstreuen von „Kali", d. i. Ferrozyankali (gelbes Blutlaugensalz) auf die auf Härtetemperatur erwärmten Teile[1].

39. Die aufgekohlte Schicht. Da im allgemeinen die äußere Schicht den Kohlenstoff rascher aufnimmt, als sie ihn an die weiter innen liegenden Schichten abgeben kann, bildet sich außen eine hochgekohlte Randschicht, die mehr oder weniger schroff in die innere Schicht, den Kern, übergeht, der — außer bei ganz dünnen Stücken — seinen C-Gehalt nicht ändert. Den Verlauf des C-Gehalts, gemessen von

---

[1] s. Fußn. 1, S. 19.

der Oberfläche des Werkstücks zur Tiefe zeigt Abb. 53. In 2,5facher Vergrößerung zeigt Abb. 55 sehr deutlich die Wirkung einer starken Kohlung an einem noch ungehärteten, polierten und geätzten Querschnitt. Die sehr dicke, gekohlte Schicht *a* besteht aus Zementit und Perlit als Folge einer schnellen und reichlichen Aufnahme von Kohlenstoff, die Schicht *b*, die den Übergang bildet zwischen der Randschicht und dem Kern, besteht aus Perlit, während der Kern selbst unverändert aus Perlit und Ferrit besteht, wie der ganze Querschnitt vor dem Einsetzen.

Wird reichlich Karbid gebildet, so kann nicht alles gelöst werden, und der Überschuß setzt sich als freies Karbid in Form von Knochen oder als Netzwerk zwischen den Korngrenzen der äußeren Schicht ab (Abb. 58). Bei sehr schlechter Diffusionsgeschwindigkeit (geringe Kohlungstemperatur) kann an der Oberfläche sogar leicht eine Schicht von reinem Karbid entstehen. Freies Karbid in der Randschicht ist nun aber nachteilig: es macht die Schicht spröde und härterißempfindlich. Man

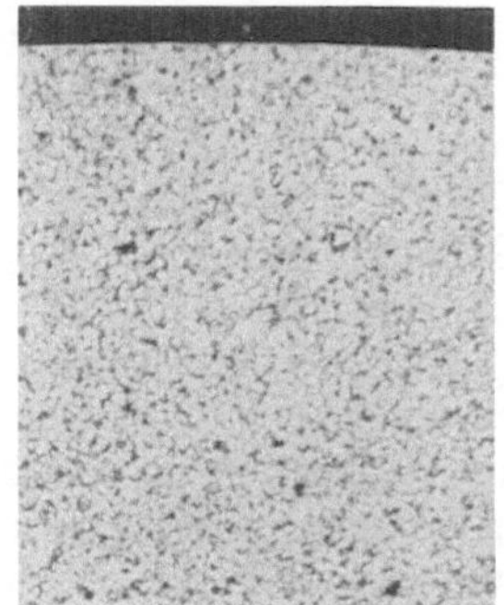
50:1

Abb. 56. Einsatzstahl mit
0,13% C. Anlieferungszustand

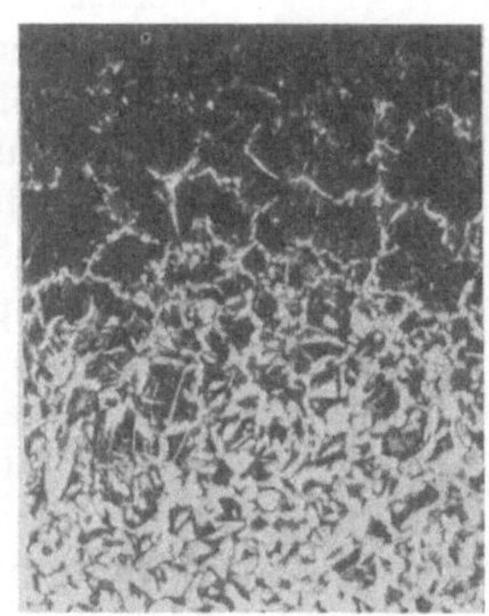
50:1

Abb. 57. Stahl wie Abb. 56.
Aufgekohlt

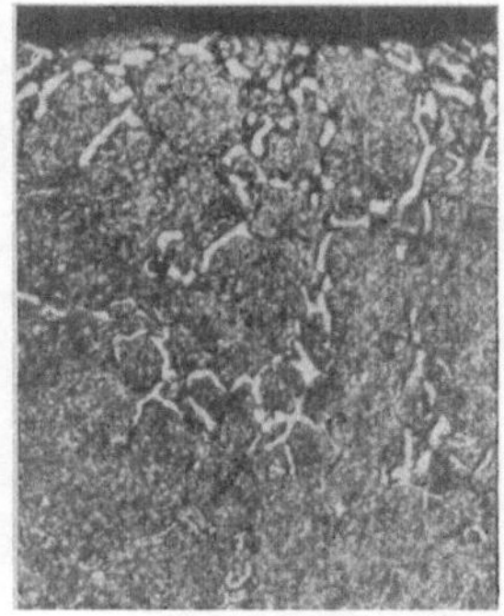
200:1

Abb. 58. Überkohlte Randschicht
mit freiem Zementit

sucht seine Entstehung zu verhindern, indem man den C-Gehalt der Randschicht nicht über 0,9% bis höchstens 1% anreichert. Muß aber die zementierte Schicht sehr dick sein, so ist freies und netzförmiges Karbid kaum zu vermeiden. Durch geeignete Nachbehandlung kann das Karbid in die ungefährliche Form übergeführt werden: durch Diffusionsglühen (Abschn. 22) oder — sicherer — Abschrecken von so hoher Temperatur, daß alles Karbid erst im Austenit gelöst wird und dann im Martensit bleibt, mit folgendem Glühen auf körnigen Zementit (Abschn. 19).

Von einer gut aufgekohlten Schicht muß weiter verlangt werden, daß ihr C-Gehalt nach innen so allmählich abnimmt, daß kein schroffer Übergang zwischen Rand und Kern entsteht, der die feste Verbindung zwischen den beiden Schichten gefährden würde. Eine gute Verteilung des Kohlenstoffes zeigt Abb. 53. Die Randschicht geht allmählich in den Kern über. Als *Aufkohlungstiefe* gilt die Tiefe der Schicht bis zum Erreichen des Kernkohlenstoffgehalts.

40. Kohlungsdauer und -temperatur. Unter sonst gleichen Umständen d. h. bei gleichem Einsatzstahl und gleichem Kohlungsmittel wächst die Dicke der aufgekohlten Schicht mit der Temperatur und der Dauer des Glühens, allerdings nicht im gleichen Verhältnis. Sowohl hohe Glühtemperaturen als auch lange Glühdauer sind für den Stahl schädlich, da sie das Gefüge stark vergröbern und damit die folgende vergütende Wärmebehandlung erschweren. Es gilt daher für alle Fälle die Regel: so kurze Zeit und so niedrige Temperatur wählen, daß man gerade noch die unbedingt nötige Aufkohlung erhält.

Je niedriger sein Kohlenstoffgehalt ist, um so höhere Kohlungstemperatur verträgt der Stahl. Man geht im allgemeinen mit der Temperatur etwas über die obere

Umwandlungslinie (A_{c3}) hinaus, weil sonst die Dauer unverhältnismäßig lang würde. Wesentlich höher zu gehen, um die Dauer stark herabzusetzen, ist jedoch nicht zu empfehlen. In jedem Fall muß sich die Dauer nach der verlangten Aufkohlungstiefe richten[1]. Abb. 56 u. 57 zeigen am Querschnitt eines Stabes mit 0,13% C den Einfluß der Kohlung auf das Gefüge. Man erkennt die perlitisierende Wirkung in der Randschicht sowie die allgemeine Vergröberung des Gefüges. Abb. 58 stellt bei stärkerer Vergrößerung eine überkohlte Randschicht dar mit freiem Zementit in Form von Knochen, die sich fast schon zu einem Netz verdichtet haben.

41. Härtebehandlungen. Aus Abschn. 27 und Abb. 10 geht hervor, daß die richtige Abschrecktemperatur vom Kohlenstoffgehalt abhängig ist. Da aber bei einem aufgekohlten Werkstück der Kohlenstoffgehalt vom Rand nach dem Kern zu abnimmt (Abb. 53), kann man sagen, daß es sich hier um eine ganze Reihe von Stahlsorten handelt. Soll nun ein derartiges Werkstück auf Härtetemperatur erwärmt werden, so ergibt sich bei einer gleichmäßigen Durchwärmung die Frage, worauf denn die Temperatur zu beziehen ist. Um die Oberfläche mit ihrem hohen C-Gehalt zu härten, genügt eine Temperatur von etwa 770···800° (vgl. Abb 10). Bei dieser Temperatur aber ist der Kern mit seinem niedrigen C-Gehalt bis zu etwa 0,2% noch nicht restlos in γ-Eisen umgewandelt sondern enthält noch Ferrit. Dieser Ferrit bleibt nach dem Abschrecken dann erhalten. Um auch die Kernfestigkeit zu erhöhen, kann man von der dem *Kern*kohlenstoffgehalt entsprechenden *Kern*härtetemperatur abschrecken, hat dafür aber jetzt den Nachteil, daß bei dieser Temperatur von etwa 890···920° in der Randschicht gröberes Korn entsteht. Um dieses wieder zu beseitigen, kann der Rand rückgefeint werden, d. h. das ganze Werkstück wird noch einmal kurzzeitig auf die *Rand*härtetemperatur erwärmt und damit ein zweites Mal

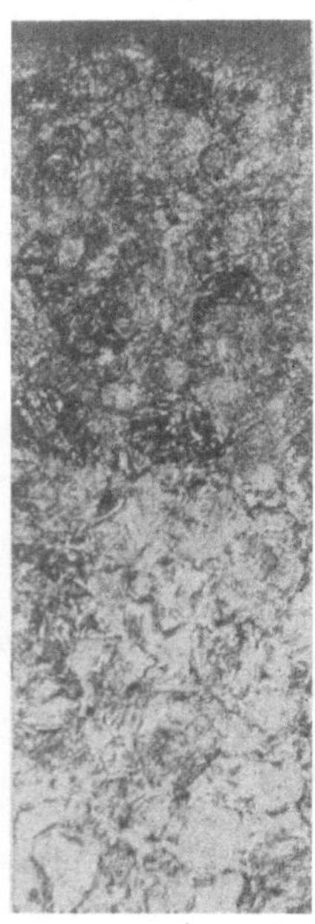
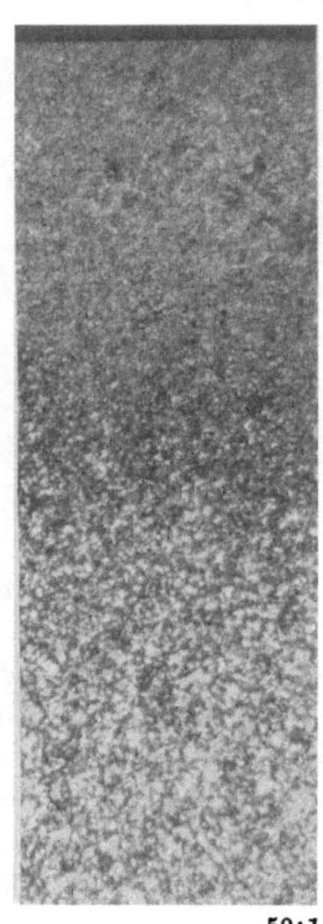

50:1   50:1

Abb. 59. Stahl wie Abb. 56 direkt aus dem Einsatz gehärtet. Grobes Rand- und Kerngefüge

Abb. 60. Stahl wie Abb. 56 nach Doppelhärtung. Rand und Kern rückgefeint

gehärtet. Aus diesen Betrachtungen ergeben sich die üblichen, verwickelten und teuren Behandlungsgänge für im Einsatz zu härtende Teile. Abb. 59 u. 60 zeigen den Einfluß dieser unterschiedlichen Behandlungen im Gefügebild. Vielfach wird nach dem Aufkohlen und vor dem Härten noch ein Zwischenglühen bei 650 bis 680° eingefügt. Es hat die Aufgabe, die Spannungen zu mildern, etwaigen freien Zementit in der Randschicht in die körnige Form zu überführen und eine anschließende abspanende Bearbeitung zu erleichtern, die aufgekohlte Schichten vor dem Härten entfernen soll. Die verschiedenen Wärmebehandlungen stellt man am besten schematisch dar durch Temperatur–Zeit-Schaubilder (sogenannte Härtediagramme), wobei die Fläche unter der Kurve einen Anhalt gibt für den erforderlichen Wärmeaufwand. Die ausgezogene waagerechte Linie soll der Randhärte-

---

[1] Über Kohlungsmittel s. Werkstattbuch H. 8: KLOSTERMANN, Die Praxis der Warmbehandlung des Stahles, 6. Aufl.

temperatur entsprechen. In allen Fällen ist abschließend ein entspannendes Anlassen auf 160···200° zu empfehlen (Abschn. 31).

Abb. 61 zeigt bei 1 den Vorgang einer einfachen, billigen *Direkthärtung* aus dem Einsatz heraus, ohne Vorwärmen und ohne Nachbehandlung. Bei 2 werden verschiedene Möglichkeiten einer *Einfachhärtung* gezeigt. Bei 2 a geht es über eine Vorwärmstufe (zur Vermeidung unnötiger Erwärmungsspannungen) in die Einsatzbehandlung, danach abkühlen auf Raumtemperatur; anschließend erwärmen mit Vorwärmstufe auf Kernhärtetemperatur, abschrecken auf Raumtemperatur und abschließend anlassen. Nach 2 b wird zum Einsetzen vorgewärmt, danach nur unter A_{c1} abgekühlt und gleich wieder auf Randhärtetemperatur erwärmt mit Abschrecken im Warmbad und abschließendem Anlassen. Diese Behandlung vermeidet unnötigen Wärmeverlust und erspart dem Werkstück große Abkühlspannun-

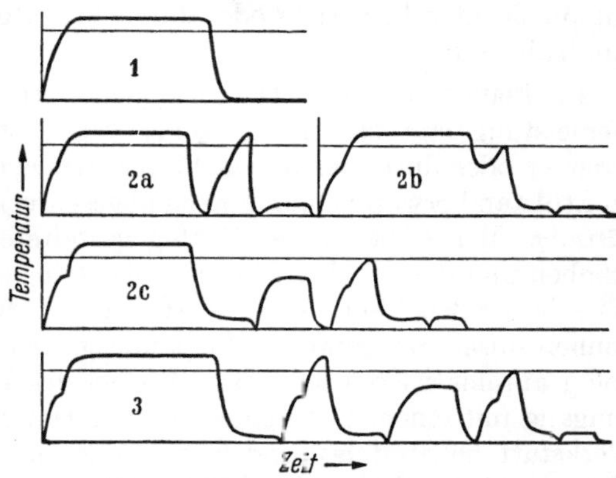

Abb. 61. Härtediagramme für verschiedene Einsatzhärtungsbehandlungen
1 Direkthärtung aus dem Einsatz; 2 a Einfachhärtung von Kernhärtetemperatur mit Anlassen; 2 b Einfachhärtung mit Abfangen dicht unter A_{c1} und anschließende Randhärtung mit Anlassen; 2 c Einfachhärtung mit Zwischenglühen, Randhärtung und Anlassen; 3 Doppelhärtung mit Zwischenglühen zur Beseitigung von Restaustenit

gen. Nach 2 c wird vorgewärmt, eingesetzt, im Warmbad abgekühlt, zwischengeglüht, abgekühlt auf Raumtemperatur, mit Vorwärmstufe erwärmt auf Randhärtetemperatur, abgeschreckt im Warmbad und abschließend angelassen. In diesem Fall kann nach dem Zwischenglühen eine mechanische Weiterbearbeitung eingeschoben werden. Bei 3 ist eine *Doppelhärtung* gezeigt mit folgendem Ablauf: vorwärmen, einsetzen, abschrecken im Warmbad, vorwärmen, erwärmen auf Kernhärtetemperatur, abschrecken im Warmbad, zwischenglühen (hier zur Beseitigung von Restaustenit), abkühlen auf Raumtemperatur, vorwärmen, erwärmen auf Randhärtetemperatur, abschrecken im Warmbad, abschließend anlassen.

Bei allen Darstellungen handelt es sich um beliebig zusammengestellte, praktisch angewendete Beispiele. In DIN 17210 (Einsatzstähle) sind einige Wärmebehandlungen als Empfehlung aufgeführt.

Die entstehende Härte richtet sich ausschließlich nach dem Kohlenstoffgehalt und zeigt einen der Kohlungskurve (Abb. 53) entsprechenden Verlauf. Als *Einsatzhärtungstiefe* gilt die bis zu einem beliebig vereinbarten Härtewert erzielte Tiefe.

200:1

Abb. 62. Martensitische Randschicht mit Troostitnetz (dunkel)

Neben den Kohlungsfehlern (Abschn. 39 u. 40) können weitere *Fehler beim Einsatzhärten* entstehen durch zu schroffes Abschrecken, wobei Restaustenit entsteht und nicht die volle Härte erreicht wird. Bei zu langsamem Abkühlen entsteht Troostit, der ebenfalls die Härte verringert (Abb. 62).

B. Härteverfahren mit örtlicher Erwärmung

Bei diesen Verfahren wird nur die Oberfläche gehärtet. Man führt der Oberfläche die Wärme so schnell zu, daß sie keine Zeit hat, in den Kern abzufließen und diesen auch auf Härtetemperatur zu erwärmen. Beim Abschrecken härten dann nur diejenigen Zonen, die über Härtetemperatur erwärmt waren. Voraussetzung bei diesen Verfahren ist, daß der Werkstückstoff an sich schon härtbar ist, d. h. daß er genügend hoch mit Kohlenstoff legiert ist. Die im Fertigzustand vom Kern erwarteten Eigenschaften müssen *vor* dem Oberflächenhärten durch Auswahl einer entsprechenden Legierung oder durch Vergüten sichergestellt werden. (Werkstoffe vgl. Tab. 6, S. 45).

42. Flammenhärten[1]. Die Oberfläche wird mit Gasbrennern erwärmt. Die Flammenleistung läßt sich in einfacher Weise steigern durch Verwendung größerer Brenner oder durch Ansatz mehrerer Brenner. Kann der zu erwärmende Bereich im Stillstand erwärmt und danach abgeschreckt werden, so spricht man von *Standhärtung*. Bei größeren, regelmäßig gestalteten Flächen wird der Brenner vorgeschoben und die Abschreckbrause folgt (*Vorschubhärtung*). Es lassen sich so selbst bei sehr großen Teilen örtliche Härtungen durchführen. Die Härtetemperaturen können durch Meßgeräte verfolgt und gesteuert werden, wodurch sich der Ablauf völlig automatisieren läßt. Der Vorteil des Flammenhärtens liegt einmal in dem Umgang mit einem Gasbrenner, dessen Handhabung durch das Schweißen in der Werkstatt bekannt ist, und zum andern in den geringen Anlagekosten für eine Flammenhärteanlage. Bei falscher Flammeneinstellung besteht die Gefahr einer Auf- oder Entkohlung der Oberfläche.

43. Induktionshärten[2]. Ein elektrischer Strom wird durch Heranbringen einer Wechselstromspule mit wenigen Windungen an das Werkstück unmittelbar in der zu erwärmenden Zone induziert und erwärmt diese Zone sehr schnell auf die gewünschte Temperatur. Die Tiefe der erwärmten Zone wird dabei im wesentlichen durch die Frequenz des Stromes bestimmt. Mit zunehmender Frequenz wird der Strom immer mehr zur Oberfläche verdrängt, wodurch bei hohen Frequenzen erwärmte Schichten von wenigen Zehntelmillimetern Tiefe entstehen. Durchgeführt wird das Induktionshärten genau wie das Flammenhärten als Stand- oder als Vorschubhärtung. Die Härtetemperaturen sind nicht unmittelbar zu messen. Man steuert sie durch die Dosierung der elektrischen Energie nach Menge und Zeit. Auch hier sind Härteanlagen bis zur Vollautomatisierung möglich. Der Vorteil des Induktionshärtens liegt gerade in dieser sehr genauen Energiesteuerung, wodurch die Wiederholbarkeit der Härteergebnisse gesichert wird. Da die Wärmezufuhr hier beträchtlich gesteigert werden kann, ergeben sich weniger durchwärmte Werkstücke und auch geringere Rückwirkungen auf die Umgebung als beim Flammenhärten. Als Nachteil sind die hohen Anlagekosten zu nennen und die Notwendigkeit, die an die Werkstücke anzupassenden, zum Teil sehr verwickelten Heizgeräte beonders beschaffen zu müssen.

44. Tauchhärten. Das zu erwärmende Werkstück wird mit oder ohne Vorwärmung in ein Salzbad oder eine Metallschmelze von sehr hoher Temperatur (1000 bis 1200° oder auch mehr) kurzzeitig eingetaucht. Dabei erwärmen sich in erster Linie dünne Stellen, sowie vorspringende Ecken oder Kanten. Die Tauchzeit und die Badtemperatur beeinflussen die Einhärtetiefe. Eine Abdeckung gegen die Wärmezufuhr durch Ringe oder Scheiben oder durch Aufeinanderstellen der Teile ist möglich. Das Tauchhärten wird wenig angewendet trotz seiner einfachen Durchführung und der geringen Anlagekosten. Nach dem Abschrecken ist mit einem Anlassen durch die Kernwärme zu rechnen.

Bei allen erwähnten Verfahren empfiehlt sich eine Nachbehandlung durch Anlassen bei 160···200°.

---

[1] s. Werkstattbuch H. 89: GRÖNEGRESS, Brennhärten, 2. Aufl.
[2] s. Werkstattbuch H. 116: HÖHNE, Induktionshärten.

C. Diffusionshärten

Bei diesen Verfahren wandern Stoffe durch Diffusion in die Oberfläche ein und bilden dort mit dem Stahl harte Verbindungen. Es findet demnach eine chemische Veränderung der Oberflächenschicht statt. Einer Abschreckbehandlung bedarf es nicht. Um die Diffusion zu beschleunigen, werden höhere Temperaturen angewendet. Damit können auch diese Verfahren zu den Wärmebehandlungsverfahren gezählt werden.

45. Nitrieren ist das verbreitetste Diffusionshärteverfahren. Man läßt Stickstoff in die Oberfläche hineindiffundieren (daher auch Aufsticken genannt), wobei mit Eisen sowie auch mit Aluminium, Chrom, Vanadium oder Molybdän harte Nitride gebildet werden (Abb. 63). Man läßt den Stickstoff bei Temperaturen zwischen 500 und 600° diffundieren, also immer unter A_{c1}. Damit entfällt eine Gefügeumwandlung wie bei der Martensithärtung und die damit verbundene Volumenänderung (vgl. Abschn. 17). Als Stickstoffträger werden Ammoniakgas bei 500° (Gasnitrieren) oder auch Salzbäder mit Cyan-Verbindungen als wirksamem Bestandteil bei 500···600° (Badnitrieren) benutzt. Der Stickstoff dringt sehr langsam in das Metall ein, etwa mit 0,01 (Gas) bis 0,3 (Bad) mm je Stunde. Die höchst erreichbare Tiefe beträgt etwa 1,0 mm. Um wirtschaftlich zu arbeiten, werden meist nur sehr geringe Nitriertiefen angewendet. Das hat zur Folge, daß die dünnen Schichten wohl einer verschleißenden Beanspruchung gewachsen sind, aber keinen starken Flächendruck aushalten können. Zum andern gestatten die nitrierten Schichten wegen der geringen Tiefe keine abspanende Nachbehandlung. Die zu nitrierenden Teile müssen bis auf Polierzugaben fertig bearbeitet zur Behandlung kommen. Dies macht insofern keine Schwierigkeiten, als die Behandlungstemperatur niedrig liegt und Umwandlungsspannungen nicht auftreten. Da auch nach beendetem Nitriervorgang langsam abgekühlt werden kann, braucht kein störender Verzug aufzutreten.

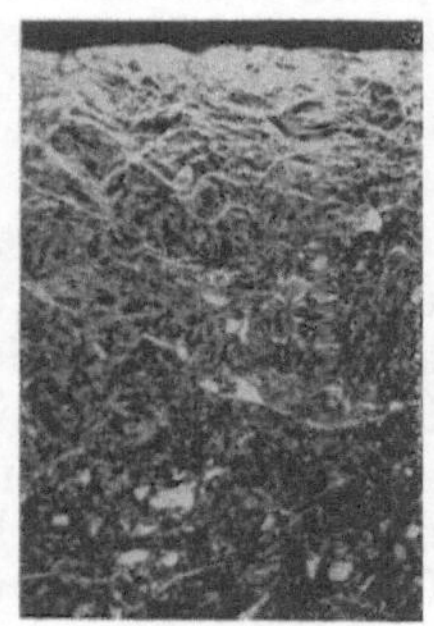

400:1
Abb. 63.
Nitridschicht über einer Grundmasse aus Vergütungsgefüge mit Karbideinschlüssen

Weitere Vorteile des Nitrierens liegen in der vor allem beim Gasnitrieren erzielbaren höheren Härte gegenüber der Martensithärtung. Zum Nitrieren geeignet sind wegen der bestehenden guten Löslichkeit von Stickstoff (bis zu 0,1% bei 721°) grundsätzlich alle Stahl- und Eisenlegierungen. Durch Verwendung besonderer *Nitrierstähle* (Abschn. 50c u. Tab. 7., S. 46) läßt sich die Härte steigern, wenn auch nur unter Verlängerung der Nitrierdauer. Zur Ausbildung einer gleichmäßigen Nitrierschicht wird der Werkstückstoff durch Vergüten homogenisiert. Die nitrierte Schicht ist härtebeständig (anlaßbeständig) bis etwa zur Nitriertemperatur. Über das Nitrieren von Schnellstählen vgl. Abschn. 52.

Wenn im Stahl die sogenannten Nitridbildner (Al, Cr, V oder Mo) fehlen, wird der Stickstoff im Stahl zwar besser gelöst, jedoch tritt keine wesentliche Härtesteigerung ein. Eine Anlaßbehandlung zwischen 200 und 400° kann den Stickstoff in Form der bekannten Eisennitridnadeln zur Ausscheidung bringen. Trotz der nicht nennenswerten Härtesteigerung erscheint dieses *Weichnitrieren* interessant, weil auch die weiche nitrierte Schicht sich sehr widerstandsfähig gegen Verschleiß zeigt. Darüber hinaus ergeben sich weitere wirtschaftliche Vorteile dadurch, daß die billigeren üblichen Stahl- und Eisenwerkstoffe verwendet werden können an Stelle der teureren Nitrierstähle, zum andern führt die Möglichkeit der Aufstickung im Salzbad zu einer erheblichen Verkürzung der Behandlungszeiten. Wie auch anderswo gilt hier, daß hohe Härte nicht immer gleichbedeutend mit hoher Verschleißfestigkeit ist.

Beim Gasnitrieren ist eine Abdeckung durch Verzinnen oder Vernickeln der nicht zu nitrierenden Flächen möglich. Die Nitrierhärtung ist bei Teilen mit höheren Betriebstemperaturen (Motorenbau) die wirksamste Form des Verschleißschutzes.

Dasselbe gilt für Teile aus ferritischen oder austenitischen Stählen. Die Raumvergrößerung ist sehr gering und beträgt etwa 0,1···0,5% im Durchmesser.

46. Karbonitrieren. Läßt man sowohl Kohlenstoff als auch Stickstoff in den Stahl diffundieren, so kann man die Vorteile beider Verfahren miteinander verbinden. Die beim Salzbadhärten verwendeten Cyan-Salze sind hierzu geeignet, weil sie sowohl Kohlenstoff als auch Stickstoff enthalten.

Der Vorgang läßt sich jedoch auch in einer Gasatmosphäre abwickeln, wobei entweder der Kohlenstoff oder auch der Stickstoff als Träger dienen kann und die zweite Gaskomponente dann zugesetzt wird. Die Eindringtiefen sind in beiden Fällen von Einsatztemperatur und Haltezeit abhängig. Als Regel kann angegeben werden, daß hohe Einsatztemperaturen zu einer erhöhten Kohlenstoff- und niedrigere Temperaturen zu einer erhöhten Stickstoffkonzentration in der Randschicht führen. Die Randschicht wird sich meist aus einer dünnen, nitridhaltigen Oberflächenschicht zusammensetzen, darauf folgt eine Übergangsschicht mit Nitriden und Karbiden und endlich die reine karbidhaltige Schicht, die den Übergang zum Kern einleitet. Die Tiefenanteile dieser Schichten richten sich weitgehend nach Temperatur, Zeit und der Zusammensetzung des Einsatzmittels. Da ein erhöhter Stickstoffgehalt den Austenit stabilisiert, ist beim Härten mit erhöhtem Restaustenitgehalt, d. h. verminderter Härte, zu rechnen. Der beständigere Austenit kann aber auch vorteilhaft durch Ausnutzung verringerter Abkühlgeschwindigkeiten zum Tragen kommen, wodurch die Verwendung von unlegierten Werkstoffen in milden Abschreckmitteln wie Öl oder Warmbad möglich wird. Die Kernfestigkeiten werden hiervon nicht berührt. Entsprechend der Zusammensetzung einer durch Karbonitrieren gehärteten Schicht aus Nitriden und Martensit ist auch die Anlaßbeständigkeit mit zunehmendem Nitridgehalt größer. Anlaßtemperaturen von 150 bis 500° sind üblich.

47. Inchromieren. Im Gegensatz zum Verchromen, das ein Überziehen, also eine Maßvergrößerung darstellt, wird beim Inchromieren (ähnlich wie beim Aufkohlen oder Aufsticken) Chrom in den Stahl hineindiffundiert bei fast beliebiger Temperaturhöhe bis etwa 1200°. Bei niedrig gekohlten Stählen wird die Randschicht lediglich mit Chrom angereichert und dadurch korrosions- oder hitzebeständig. Mittlere und hochgekohlte Stähle hingegen bilden in der Randschicht harte Chromkarbide, die über einem Kern von jeder durch Vergüten erreichbaren Festigkeit liegen können. Stähle mit erhöhtem Schwefel- oder Phosphorgehalt (z. B. Automatenstähle) sind nicht geeignet.

Die erzielbaren, chromkarbidhaltigen homogenen Randschichtdicken betragen etwa bis zu 0,025 mm. Die Folge ist eine hohe Verschleißfestigkeit. Auf weichen Stählen werden Härten von 25···50 HRC, bei höherem C-Gehalt bis zu 70 HRC erzielt. Niedrig gekohlte Stähle können vor dem Inchromieren aufgekohlt werden, wodurch ihre Härte und Verschleißfestigkeit ähnlich wie bei den einsatzgehärteten Teilen steigt.

Das *Hartverchromen* ist ein Anlagern einer harten, verschleißfesten Schicht auf galvanischem Wege. Es ist kein Verfahren der Wärmebehandlung.

VI. Die gebräuchlichsten Stahlwerkstoffe und ihre Verarbeitung
A. Werkstoffe und Wärmebehandlung

48. Einteilung. Es lassen sich sehr viele Möglichkeiten für eine Einteilung finden: nach der *Zusammensetzung* als unlegiert–legiert, nach dem üblichen *Abschreckmittel* als Wasser-, Öl- oder Lufthärter, oder nach der *Verwendung* als Baustähle, Werkzeugstähle und Stähle mit besonderen Eigenschaften wie hitze-, zunder-, korrosionsbeständige, verschleißfeste, unmagnetische usw. Weiter kann man nach der *Sorgfalt der Herstellung* unterscheiden: Massenstähle oder Handelsgüten (geringer Reinheitsgrad) — Qualitätsstähle (insbesondere für Wärmebehandlung) — Edelstähle (höchste Reinheit). Geht man von den vorliegenden *Gefügezuständen* aus, so teilt man ein in perlitische, martensitische, austenitische, ledeburitische usw. Stähle. Auch eine Einteilung nach den *Legierungsgruppen* ist sinnvoll, wobei man z. B. Ni-, Cr- oder Mn-Stähle unterscheidet bzw. auch solche mit mehreren Elementen wie Cr–Ni, Cr–Ni–Mo, Cr–Mn, Mn–Si-Stähle usw. Für die Zwecke der Wärmebehandlung sind verschiedene dieser Begriffe brauchbar. Sie werden den folgenden Ausführungen zugrunde gelegt.

49. Wirkungen der Legierungselemente. Überall dort, wo man mit der reinen Fe–C-Legierung (d. h. dem unlegierten Stahl) nicht auskommt, versucht man, durch Hinzufügen von einzelnen oder auch mehreren Legierungsmetallen die gewünschten Eigenschaften zu erhalten. In den meisten Fällen ist eine Wärmebehandlung unumgänglich, um die teure Legierung voll auszunutzen. Nun ist bei unlegierten Stählen eine Wärmebehandlung sehr einfach; die Temperaturen richten sich nach den Grenzlinien des Fe–C-Schaubildes (Abb. 10) und die hohe erforderliche kritische Abkühlgeschwindigkeit verlangt meist Wasser als Abschreckmittel. Dagegen kann sie bei legierten Stählen sehr verwickelt sein, denn sie richtet sich nach Art und Menge der Legierungsbestandteile.

Alle zum Legieren benutzten Metalle sind in Eisen *löslich*, bilden mit ihm Mischkristalle wie C bei höheren Temperaturen (Austenit). Diese Mischkristalle unterscheiden sich optisch von den einfachen α-Ferritkristallen nicht (ebensowenig wie der unlegierte Austenit), so daß also die Legierungsmetalle mikroskopisch nicht immer nachweisbar sind. Nur auf die Korngröße haben manche von ihnen einen Einfluß: W, V, Ni u. a. m. verfeinern das Korn, Si (und auch P und S) vergröbern es. Eine Folge der Lösung ist es, daß der Einfluß der Legierungsmetalle mit der Zunahme des Gehaltes ansteigt. Nicht immer ist der ganze Gehalt an Legierungsmetall im Ferrit gelöst, sondern ein Teil meist auch im Karbid (Zementit). Dessen Erscheinungsform wird dadurch aber nicht geändert, so daß auch der Perlit der legierten Stähle sich metallografisch nicht von dem der reinen C-Stähle unterscheidet.

Der einschneidendste Einfluß auf die legierten Stähle kommt dadurch zustande, daß die Legierungsmetalle auf den Verlauf der Umwandlungen des Stahles einwirken. Fast alle wirken auf die Höhenlage der Perlitumwandlung, d. h. sie verschieben die *Haltepunkte* A_3 und A_1. So erweitern Ni und Mn das γ-Gebiet und erniedrigen damit die Haltepunkte, während Cr, Si, Mo, Al das γ-Gebiet verengen und so die Punkte A_3 und A_1 zu höheren Temperaturen verschieben. Durch W und V tritt keine nennenswerte Änderung ein. Die Verschiebung nach unten durch Mn und Ni kann so groß sein, daß bis zur Raumtemperatur keine Umwandlung zustande kommt, daß also der Austenit bestehen bleibt (austenitischer Stahl).

Die *kritische Abkühlgeschwindigkeit* wird durch fast alle Legierungselemente verringert, besonders stark durch Mn, Cr und Ni. So genügen kleine Mengen von Cr oder Mn bereits, um statt einer Wasser- eine Öl- oder Warmbadhärtung mit ihren Vorzügen durchzuführen. Bei größeren Gehalten besteht die Möglichkeit der Martensitbildung durch Abkühlung an Luft (Lufthärtung). Mit der Verringerung der kritischen Abkühlgeschwindigkeit ergibt sich eine erhöhte Härtbarkeit, d. h. es ist möglich, größere Querschnitte durchzuhärten bzw. durchzuvergüten. Für größte Querschnitte ist ein Zusatz von Ni unerläßlich.

Ein Umstand, der bei allen legierten Stählen besondere Beachtung verdient, ist die durch die Legierungsmetalle bedingte *schlechtere Wärmeleitfähigkeit*. Dies ist bei allen Erwärmungsvorgängen zu beachten. Damit keine Spannungen durch unterschiedliche Temperaturen zwischen außen und innen entstehen, muß langsam, bei hochlegierten Stählen sogar in mehreren Stufen vorgewärmt werden. Ebenfalls ist eine längere Durchwärmzeit nach Erreichen der gewünschten Temperatur erforderlich. Beim Abkühlen spielt die schlechtere Wärmeleitung infolge der geringeren kritischen Abkühlgeschwindigkeit keine entscheidende Rolle für die Härteannahme. Jedoch benötigen Bauteile aus legiertem Stahl eine längere Zeit bis zum völligen Temperaturausgleich im Abschreckbad. Wird das nicht beachtet, so erfolgt von innen heraus eine Anlaßwirkung auf die schon gehärtete Oberfläche. Bei Beherrschung dieser Verhältnisse kann die Anlaßwärme des Kerns sogar ausgenutzt werden(z. B. Härtung von Kleinwerkzeugen).

Weiter bilden einige Legierungselemente — besonders Cr, W, Mo, V — mit dem C sehr beständige und harte *Sonderkarbide.* Beim Erhitzen lösen sich diese Karbide nur schwer im Austenit, d. h. nur bei höheren Temperaturen. Der im Austenit gelöste Teil bleibt beim Abschrecken auch im Martensit gelöst. Dieses Abschrecken von höherer Temperatur (bis zu 1000° und mehr) ergibt größere Härte und besonders größere Durchhärtung (da die kritische Geschwindigkeit durch die Lösung der Karbide herabgesetzt ist), als das Abschrecken von niedriger, dem C-Gehalt entsprechender Temperatur. Die hohe Temperatur ergibt aber nicht etwa groben Martensit, denn die Karbide machen den Stahl hitzeunempfindlicher, indem sie das Wachsen der Körner des Austenits verhindern. Die nicht gelösten Karbide sind in mehr oder weniger feiner Verteilung im Martensit eingelagert und erhöhen die Verschleißfestigkeit des Stahles bedeutend. Nur bei hohem Anlassen, zwischen 400 und 600°, scheiden sich die gelösten Sonderkarbide in fein verteilter Form, aber nur zögernd, aus und erhöhen dadurch die Anlaßbeständigkeit. Durch langes oder hohes Anlassen ballen sich die Sonderkarbide unter Härteabfall wieder zusammen (warmfeste Bau- und Werkzeugstähle). Schließlich entstehen bei hochlegierten Cr-W-Stählen (Schnellstähle) noch *Mehrfachkarbide.* Sie bilden sich gleich beim Erstarren aus der Schmelze — im Gegensatz zu den gewöhnlichen Karbiden, die erst durch den Zerfall der Mischkristalle im festen Zustand entstehen — und bilden zusammen mit einem Teil der Mischkristalle ein „Eutektikum", wie es sonst nur bei Roheisen (Eisen mit mehr als 1,75% C) geschieht. Da dieses Eutektikum beim Roheisen „Ledeburit" heißt, nennt man die legierten Stähle mit dem jenem ähnlich erscheinenden Eutektikum „Ledeburitstähle" bzw. die Karbide „Ledeburitkarbide". Charakteristisch für die *Ledeburitkarbide* ist es, daß sie sehr hart sind und durch kein noch so hohes Erwärmen des Stahles vollständig gelöst werden können, wie es bei den aus Mischkristallen entstandenen Karbiden, trotz ihres Gehaltes an Legierungsmetall, und bei den Sonderkarbiden möglich ist. Der Ledeburit durchzieht im Gußgefüge die Grundmasse in Form eines Netzwerkes, das nur durch Schmieden zerstört werden kann.

50. Baustähle.[1] Gegliedert wird nach Verwendungsgebieten: a) Baustähle für Verwendung nach Festigkeit (DIN 17100) sind unlegierte Stähle in Form von Stabmaterial, Blechen, Rohren, Profilen usw. Die einzelnen Sorten unterscheiden sich nur durch ihre lediglich vom C-Gehalt abhängige Festigkeit. Bezeichnet werden sie mit „St" und einer angehängten Zahl für die Mindestzugfestigkeit, wie z. B. St 34, St 42, St 60 u. ä. Sie werden hergestellt als Massenstahl, ohne hohe Gleichmäßigkeit hinsichtlich des Verhaltens bei Wärmebehandlung. Mit großen Streuungen der mechanischen Werte muß gerechnet werden.

Die Temperaturen bei Wärmebehandlung dieser Stähle richten sich ausschließlich nach den Grenzlinien des Eisen–Kohlenstoff-Schaubildes (Abb. 10). Eine Einsatzbehandlung oder eine Oberflächenhärtung ist unter den oben erwähnten Voraussetzungen ebenfalls möglich. Bei jeder Härtung müssen diese unlegierten Stähle in Wasser abgeschreckt werden, wodurch die Gefahr des Verziehens und Reißens recht groß ist.

b) Baustähle für Vergütungsbehandlung (DIN 17200). Bei diesen Stählen soll durch eine Wärmebehandlung vor oder nach der mechanischen Bearbeitung eine Erhöhung der Zähigkeit oder der Streckgrenze herbeigeführt werden. Unterschieden werden nach Tabelle 4 die sogenannten Qualitätsstähle (C 22, C 35,

---

[1] Näheres s. Werkstattbuch H. 75: KREKELER, Die Baustähle für den Maschinen- und Fahrzeugbau.

Tabelle 4. *Vergütungsstähle (DIN 17 200)*

| Stahlsorte | | weich-geglüht | gewährleistete Festigkeitseigenschaften (vergütet) | | | | | | | | | | | | | | | | Wärmebehandlung | | | | erreichbare |
| Kurzzeichen nach DIN 17006 | Stoffnummer nach DIN 17007 | HB kp/mm² max. | bis 16 Ø | | | | über 16 bis 40 Ø | | | | über 40 bis 100 Ø | | | | über 100 bis 250 Ø | | | | Weich-glühen | Normal-glühen | Härten in Wasser | Öl | Oberflächenhärte etwa |
			σ_S kp/mm² min.	σ_B kp/mm²	δ_5 % min.	ψ % min.	σ_S kp/mm² min.	σ_B kp/mm²	δ_5 % min.	ψ % min.	σ_S kp/mm² min.	σ_B kp/mm²	δ_5 % min.	ψ % min.	σ_S kp/mm² min.	σ_B kp/mm²	δ_5 % min.	ψ % min.	°C	°C	°C	°C	HRC
C 22	1.0611	155	36	55/65	20	40	30	50/60	22	45	—	—	—	—	—	—	—	—	650/700	880/910	860/890	870/900	25/30
Ck 22	1.1151	155	36	55/65	20	45	30	50/60	22	50	—	—	—	—	—	—	—	—	650/700	880/910	860/890	870/900	25/30
C 35	1.0651	172	42	65/80	16	35	37	60/72	18	40	33	55/65	20	45	—	—	—	—	650/700	860/890	840/870	850/880	46/56
Ck 35*	1.1181	172	42	65/80	16	40	37	60/72	18	45	33	55/65	20	50	—	—	—	—	650/700	860/890	840/870	850/880	46/56
C 45	1.0721	206	48	75/90	14	30	40	65/80	16	35	36	60/72	18	40	—	—	—	—	650/700	840/870	820/850	830/860	51/60
Ck 45*	1.1191	206	48	75/90	14	35	40	65/80	16	40	36	60/72	18	45	—	—	—	—	650/700	840/870	820/850	830/860	51/60
C 60	1.0751	243	57	85/105	12	25	49	75/90	14	30	44	70/85	15	35	—	—	—	—	650/700	820/850	800/830	810/840	55/64
Ck 60	1.1221	243	57	85/105	12	30	49	75/90	14	35	44	70/85	15	40	—	—	—	—	650/700	820/850	800/830	810/840	55/64
40 Mn 4*	1.5038	217	65	90/105	12	40	55	80/95	14	45	45	70/85	15	50	—	—	—	—	650/700	850/880	820/850	830/860	50/58
30 Mn 5	1.5066	217	—	—	—	—	55	80/95	14	45	45	70/85	15	50	42	65/80	16	55	650/700	850/880	820/840	830/850	50/58
25 CrMo 4	1.7218	217	65	90/105	12	50	55	80/95	14	55	45	70/85	15	60	42	65/80	16	65	680/720	860/890	830/850	840/860	35/45
27 MnCrV 4	1.8162	217	65	90/105	12	50	55	80/95	14	55	45	70/85	15	60	42	65/80	16	65	680/720	860/890	850/870	860/880	40/50
37 MnSi 5*	1.5122	217	80	100/120	11	35	65	90/105	12	40	55	80/95	14	45	45	70/85	15	50	680/720	860/890	830/850	840/860	52/58
34 Cr 4	1.7033	217	80	100/120	11	40	65	90/105	12	45	55	80/95	14	50	—	—	—	—	680/720	850/880	820/840	830/850	50/56
41 Cr 4*	1.7035	217	80	100/120	11	40	65	90/105	12	45	55	80/95	14	50	—	—	—	—	680/720	850/880	820/840	830/850	54/60
34 CrMo 4*	1.7220	217	80	100/120	11	45	65	90/105	12	50	55	80/95	14	55	45	70/85	15	60	680/720	850/880	820/840	830/850	52/58
36 Cr 6	1.7059	217	80	100/120	11	45	65	90/105	12	50	55	80/95	14	55	45	70/85	15	60	680/720	850/880	820/840	830/860	53/50
42 MnV 7	1.5223	217	90	110/130	10	30	80	100/120	11	35	70	90/105	12	40	—	—	—	—	640/680	860/890	840/860	850/870	56/62
42 CrMo 4*	1.7225	217	90	110/130	10	40	80	100/120	11	45	70	90/105	12	50	55	75/90	14	55	680/720	850/880	820/840	830/850	54/60
42 CrV 6	1.7561	217	90	110/130	10	40	80	100/120	11	45	70	90/105	12	50	55	75/90	14	55	680/720	850/880	820/840	830/860	54/60
36 CrNiMo 4	1.6511	217	90	110/130	10	45	80	100/120	11	50	70	90/105	12	55	55	75/90	14	60	650/700	850/880	820/840	830/850	52/58
50 CrMo 4*	1.7228	235	—	—	—	—	90	110/130	10	40	80	100/120	11	45	60	80/100	13	50	680/720	850/880	820/840	830/850	58/63
50 CrV 4	1.8159	235	—	—	—	—	90	110/130	10	40	80	100/120	11	45	60	80/100	13	50	680/720	850/880	820/840	830/860	58/63
34 CrNiMo 6	1.6582	235	—	—	—	—	90	110/130	10	45	80	100/120	11	50	60	80/100	13	55	650/700	850/880	—	830/850	52/58
30 CrMoV 9	1.7707	248	—	—	—	—	105	125/145	9	35	90	110/130	10	40	70	90/110	12	50	680/720	870/900	840/870	850/880	50/56
30 CrNiMo 8	1.6590	248	—	—	—	—	105	125/145	9	40	90	110/130	10	45	70	90/110	12	55	650/700	850/880	—	830/850	52/58

* Sorten, die nach Stahl-Eisen-Werkstoffblatt 830 auch für Oberflächenhärtung geeignet sind (vgl. Abschn. 50c u. Tab. 6).

C 45 und C 60) und die Edelstähle. Zu den letzten zählen die unlegierten Ck-Güten, sowie alle legierten Stähle, bei denen sich bei einer Wärmebehandlung eine gute Gleichmäßigkeit der mechanischen Werte erzielen läßt. Auf eine Wiedergabe der chemischen Zusammensetzung hier, wie auch in den folgenden Tabellen, wurde verzichtet, da sie hinreichend aus der Sortenbezeichnung zu entnehmen ist (vgl. DIN 17006).

Ob ein Stahl in Wasser (W) oder Öl bzw. Salzbad (Ö) gehärtet werden soll, ist — falls *beide* Angaben vorhanden sind — eine Frage des *Querschnitts*, also der ausreichenden Abkühlungsgeschwindigkeit. Die Anlaßtemperaturen für höchste Zähigkeit liegen allgemein zwischen 530 und 670°. Wegen Anlaßsprödigkeit vgl. Abschn. 35. Die Veränderungen einiger mechanischer Werte mit zunehmender Anlaßtemperatur zeigt Abb. 64 am Beispiel eines 34 Cr Mo 4. Ähnliche Schaubilder für alle Vergütungsstähle nach DIN 17200 sind auf dem Normblatt wiedergegeben. Über das Vergüten aus der Verformungshitze vgl. Abschn. 30a.

c) **Baustähle für Oberflächenhärtung.** Hier stehen an wichtigster Stelle die *Einsatzstähle* (DIN 17210). Sie haben genau wie die Vergütungsstähle infolge besserer Erkenntnisse und zeitbedingter Sparmaßnahmen in den letzten 25 Jahren mannigfache Änderungen erfahren, die heute zu einem gewissen Abschluß gekommen sind (Tab. 5). Ebenso wie bei den Vergütungsstählen werden Qualitäts- (C 10 und C 15) und Edelstähle unterschieden (Ck-Güten und legierte). Die Stahlsorten unterscheiden sich durch C-Gehalt und Legierungsbestandteile, wodurch sich unterschiedliche Kernfestigkeiten ergeben. Diese sollen den üblichen Betriebsbelastungen gewachsen sein sowie auch bei hohen örtlichen Drücken die spröde, gehärtete Oberflächenschicht

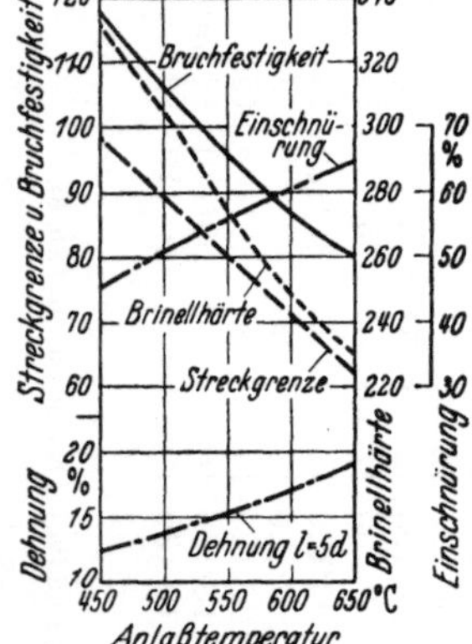

Abb. 64. Einfluß der Anlaßtemperatur auf die Gütewerte eines 34 CrMo 4 von 800° in Öl abgeschreckt (nach Stahl u. Eisen)

stützen. Die Kernfestigkeiten sind von der Abkühlungsgeschwindigkeit, d. h. vom Kernquerschnitt abhängig. Es ergeben sich somit in einem Bauteil, z. B. bei einer Ritzelwelle in dem kleinen Zahn und der massiveren Welle, verschiedene Kernfestigkeiten. Ein genaues Bild über die zu erwartenden Werte kann man sich durch einen *Blindhärtungsversuch* (Stahl–Eisen-Prüfblatt 1660) verschaffen. Hierzu wird eine Probe oder ein Bauteil der gewünschten Härtebehandlung (Abb. 61) unterworfen, *ohne* daß vorher aufgekohlt wurde. Die Kernfestigkeiten sind dann als Oberflächenwerte überall meßbar.

Die Aufkohlung, die auch gleichzeitig mit einer Aufstickung (Karbonitrieren, vgl. Abschn. 46) verbunden sein kann, erfolgt nach wirtschaftlichen Gesichtspunkten durch Pulver, Bad oder Gas. Die Kohlungstiefe ergibt sich aus der Aufgabe und Beanspruchung des Teils (Abschn. 60). Die Kohlungstemperaturen und Abkühlbedingungen sind den Kohlungsmitteln entsprechend zu wählen. Das Zwischenglühen erfolgt in Kammer- oder Salzbadöfen. Als Abschreckmittel dienen Wasser oder Öl bzw. Salzbäder von 200···300°. Das Salzbad als Abschreckmittel gewinnt immer mehr an Bedeutung. Es ermöglicht eine zunderfreie und verzugsarme Härtung und verlangt nur einen schwach legierten Stahl, für den die Abkühlgeschwindigkeit zum Härten ausreicht. Neben den aufgeführten Stählen sind auch andere niedrig gekohlte Stähle einsetzbar, wie Bleche, Rohre, Automatenstähle, gezogene Stähle, Stahlguß usw. Die Mn–Cr-Stähle haben die Ni-haltigen fast völlig verdrängt. Als Nachteil ist nur anzuführen, daß das Härteverhalten (Kohlungsverlauf, Härtetiefe, Härtewert, Verzug, Kernfestigkeit) sehr ungleichmäßig ist.

Tabelle 5. *Einsatzstähle (DIN 17210)*

<table>
<tr>
<th colspan="2">Stahlsorte</th>
<th colspan="7">gewährleistete Festigkeitseigenschaften</th>
<th colspan="11">Wärmebehandlung</th>
</tr>
<tr>
<th rowspan="2">Kurzzeichen nach DIN 17006</th>
<th rowspan="2">Stoffnummer nach DIN 17007</th>
<th colspan="3">Anlieferungszustand</th>
<th colspan="4">nach Blindhärtung HB in kp/mm² bei einer Probendicke von</th>
<th colspan="2">Blindhärten</th>
<th rowspan="2">Einsetzen °C</th>
<th rowspan="2">Abkühlen in</th>
<th colspan="2">Härten</th>
<th colspan="2">Zwischenglühen</th>
<th colspan="2">Härten</th>
<th rowspan="2">Anlassen °C</th>
</tr>
<tr>
<th>weichgeglüht HB kp/mm² max.</th>
<th>nach Zugfestigkeit HB kp/mm²</th>
<th>nach Gefüge HB kp/mm²</th>
<th>5 mm</th>
<th>10 mm</th>
<th>30 mm</th>
<th>60 mm</th>
<th>von °C</th>
<th>in</th>
<th>von °C</th>
<th>in</th>
<th>bei °C</th>
<th>Abkühlen</th>
<th>von °C</th>
<th>in</th>
</tr>
<tr>
<td>C 10</td><td>1.0301</td><td>131</td><td>—</td><td>—</td><td>174/262</td><td>143/201</td><td>118/163</td><td>—</td>
<td rowspan="5">780 bis 790</td>
<td rowspan="5">W</td>
<td rowspan="9">850 bis 930</td>
<td rowspan="5">Wasser (Öl), Warmbad 180/250°, Eins.-kasten, Luft</td>
<td rowspan="4">890 bis 920</td>
<td rowspan="5">W (Öl), (Wb 180/250°)</td>
<td rowspan="5">650 bis 680</td>
<td rowspan="5">Luft oder Ofen</td>
<td rowspan="5">770 bis 800</td>
<td rowspan="5">W (Öl), (Wb 180/250°)</td>
<td rowspan="5">150 bis 180</td>
</tr>
<tr>
<td>Ck 10</td><td>1.1121</td><td>131</td><td>—</td><td>—</td><td>174/262</td><td>173/201</td><td>118/163</td><td>—</td>
</tr>
<tr>
<td>C 15</td><td>1.0401</td><td>140</td><td>—</td><td>—</td><td>207/293</td><td>170/235</td><td>143/187</td><td>—</td>
</tr>
<tr>
<td>Ck 15</td><td>1.1141</td><td>140</td><td>—</td><td>—</td><td>207/293</td><td>170/235</td><td>143/187</td><td>—</td>
</tr>
<tr>
<td>15 Cr 3</td><td>1.7015</td><td>187</td><td>143/187</td><td>—</td><td>235/331</td><td>197/285</td><td>170/248</td><td>—</td>
<td>870 bis 900</td>
</tr>
<tr>
<td>16 MnCr 5</td><td>1.7131</td><td>207</td><td>156/207</td><td>140/187</td><td>285/375</td><td>255/341</td><td>229/321</td><td>—</td>
<td rowspan="2">860 bis 870</td>
<td rowspan="2">IÖ</td>
<td rowspan="2">Öl (Wasser), Warmbad 180/250°,</td>
<td rowspan="2">850 bis 880</td>
<td rowspan="2">Öl (W),</td>
<td rowspan="4">630 bis 650</td>
<td rowspan="4">Ofen oder Luft</td>
<td rowspan="2">810 bis 840</td>
<td rowspan="2">Öl (W),</td>
<td rowspan="4">170 bis 210</td>
</tr>
<tr>
<td>20 MnCr 5</td><td>1.7147</td><td>217</td><td>170/217</td><td>152/201</td><td>341/429</td><td>311/401</td><td>285/375</td><td>—</td>
</tr>
<tr>
<td>15 Cr Ni 6</td><td>1.5919</td><td>217</td><td>170/217</td><td>152/201</td><td>311/401</td><td>285/375</td><td>255/341</td><td>—</td>
<td rowspan="2">820 bis 830</td>
<td rowspan="2">Öl</td>
<td rowspan="2">Warmbad 580/680°, Eins.-kasten, Luft</td>
<td rowspan="2">840 bis 870</td>
<td rowspan="2">Wb 180/250°</td>
<td rowspan="2">800 bis 830</td>
<td rowspan="2">Wb 180/250°</td>
</tr>
<tr>
<td>18 CrNi 8</td><td>1.5920</td><td>235</td><td>187/235</td><td>170/217</td><td>—</td><td>375/461</td><td>341/415</td><td>311/388</td>
</tr>
</table>

Tabelle 6. *Stähle für Flammen-, Induktions- und Tauchhärtung (Stahl–Eisen-Werkstoffblatt 830).* Vgl. Tab. 4

Kurzzeichen nach DIN 17006	Stoffnummer nach DIN 17007	weichgeglüht HB kp/mm² max.	bis 16 Ø σ_S kp/mm²	bis 16 Ø σ_B kp/mm²	bis 16 Ø δ_5 % min.	üb. 16 bis 40 Ø σ_S kp/mm²	üb. 16 bis 40 Ø σ_B kp/mm²	üb. 16 bis 40 Ø δ_5 % min.	über 40 bis 100 Ø σ_S kp/mm²	über 40 bis 100 Ø σ_B kp/mm²	über 40 bis 100 Ø δ_5 % min.	über 100 bis 250 Ø σ_S kp/mm²	über 100 bis 250 Ø σ_B kp/mm²	über 100 bis 250 Ø δ_5 % min.	Oberflächenhärte in HRC	Weichglühen °C	Normalglühen °C	Vergütungshärten in Wasser °C	Vergütungshärten in Öl °C	Anlassen °C
Cf 53	1213	217	53	80/95	13	45	70/85	15	40	65/80	16	37	65/80	16	57/62	650/700	820/850	800/830	810/840	530/670
Cf 70	1249	217	57	80/100	11	40	75/90	13	42	70/85	14	—	—	—	60/65	680/710	810/840	780/810	810/840	530/670
53 MnSi 4	5141	217	80	100/120	11	65	90/105	12	55	80/95	14	45	70/85	15	57/62	650/700	840/870	790/820	800/830	530/670
37 Cr 4	7034	217	80	100/120	11	65	90/105	12	55	80/95	14	45	70/85	15	53/59	680/720	850/880	820/840	830/850	530/670

Tabelle 7. *Nitrierstähle (Stahl–Eisen-Werkstoffblatt 850)*

Kurzzeichen nach DIN 17006	Stoffnummer nach DIN 17007	geglüht HB kp/mm² max.	Ø mm	σ_S kp/mm² min.	σ_B kp/mm²	δ_5 % min.	nitriert HV kp/mm² etwa	Weichglühen °C	Normalglühen °C	Vergütungshärten Wasser °C	Öl °C	Anlassen °C
27 CrAl 6	8503	235	bis 80	45	65/ 80	16	900	650/670	890/920	870/900	880/910	580/650
34 CrAl 6	8504	235	bis 80	60	80/100	12	900	650/670	890/920	870/900	880/910	580/650
32 AlCrMo 4	8507	235	bis 80	60	80/100	12	900	650/670	890/920	870/900	880/910	580/650
31 CrMoV 9	8519	235	bis 80	80	100/115	11	750	650/670	870/900	850/880	860/890	580/630
			80/100	75	90/105	13	750					
33 CrAlNi 7	8510	235	100/250	60	80/100	14	900	650/670	850/880	—	840/870	610/660
30 CrAlS 5	8506	235	bis 80	45	65/ 80	12	900	650/670	890/920	870/900	880/910	580/650

Bei strengen Forderungen in dieser Hinsicht ist eine Trennung nach Stahlchargen unumgänglich. Oberflächenhärten über HRC 62 können leicht zu Schleifrissen führen.

Stähle für *Flammen-, Induktions-* und *Tauchhärtung* sind in dem Stahl–Eisen-Werkstoffblatt 830 zusammengestellt. Die meisten dieser Stähle sind in DIN 17 200 enthalten und in Tab. 4, S. 43 entsprechend gekennzeichnet. Angaben über die dort nicht aufgeführten Sorten enthält Tab. 6. Grundsätzlich sind alle Stähle und auch Stahlguß mit einem ausreichendem C-Gehalt oberflächenhärtbar. Die den genannten Verfahren eigenen kurzen Erwärmungszeiten verlangen eine schnelle Austenitbildung. Um diese Umwandlungsfreudigkeit zu erreichen, werden die Stähle feinkörnig geglüht oder noch besser vergütet. Die Anlaßtemperaturen für das Vergüten des Kerns liegen dabei zwischen 530 und 670°. Die Temperaturbereiche für das Flammen- und Induktionshärten können nach oben um 50° erweitert werden gegenüber den Temperaturen zum Vergütungshärten. Eine Grobkornbildung ist bei den kurzen Erwärmungszeiten nicht zu befürchten. Beim Tauchhärten liegen die Tauchbadtemperaturen erheblich höher (Abschn. 44). Die angegebenen Vergütungsfestigkeiten gelten für den Kern, die erreichbare Oberflächenhärte gilt für vergüteten Werkstoff und nach dem entspannenden Anlassen.

Nitrierstähle sind in dem Stahl–Eisen-Werkstoffblatt 850 zusammengefaßt (vgl. Tab. 7). Sie werden verwendet, wenn eine hohe Härte bei hohen Betriebstemperaturen gegen Verschleiß schützen soll. Die Auswahl der Sorten erfolgt nach der Beanspruchung. Anzuliefern sind diese Stähle zweckmäßig im vergüteten Zustande. Die Vergütungsfestigkeit liegt so niedrig, daß eine abspanende Bearbeitung keine Schwierigkeiten macht. Der 32 AlCrMo 4 hat eine gute Dauerstandfestigkeit bei Heißdampftemperaturen, der Ni-haltige 33 CrAlNi 7 gestattet infolge der Absenkung der kritischen Abkühlungsgeschwindigkeit durch den Ni-Zusatz die Durchvergütung größerer Querschnitte und der geschwefelte 30 CrAlS 5 ist für Verarbeitung auf Automaten gedacht. Die Frage, ob Wasser- oder Öl- bzw. Salzbadhärtung — falls in der Tabelle beides angegeben — entscheidet wie oben unter a) der Querschnitt. Die Anlaßtemperatur richtet sich nach der gewünschten Kernfestigkeit, soll jedoch nicht unter der Nitriertemperatur liegen, da dann beim

Nitrieren weiter angelassen wird. Eine entspannende Anlaßbehandlung nach dem Nitrieren bei 160···200° wie beim Einsatzhärten ist hier nicht erforderlich.

Neben den erwähnten Stahlsorten für Oberflächenhärtung gibt es noch *Stähle mit vorbestimmtem Härteverhalten.*[1] Je nach örtlicher Abkühlungsgeschwindigkeit ergeben diese Stähle unterschiedliche Härtewerte. Da die Oberflächen und Kanten schneller abkühlen, stellen sich hier höhere Härtewerte ein als in tiefer liegenden Schichten.

Die unterschiedliche Einhärtung wird im wesentlichen erzielt durch eine Stufung des Mn-Gehalts für verschiedene Wanddicken. Diese Stähle sind geeignet für Zahnräder, Keilwellen, Kupplungsklauen u. ä. Teile und bereiten nur Schwierigkeiten , wenn bei einem Teil sehr unterschiedliche Wandstärken vorkommen, so daß weder für den einen noch für den andern Fall die richtige Stahlsorte ausgewählt werden kann. Die Stähle verlangen eine sorgfältige Erschmelzung und eine strenge Trennung im Lager. Sie haben sich nicht auf breiter Ebene eingeführt trotz einfacher Wärmebehandlung.

d) Sonstige Baustähle gibt es infolge der vielseitigen Anforderungen in großer Zahl. DIN-Blätter bestehen deshalb nicht, sondern nur Stahl–Eisen-Werkstoffblätter[2]. Als *verschleißfeste* Stähle sind in Blatt 350 die *Wälzlagerstähle* genormt, perlitische, mit Cr oder Cr–Mn legierte Stähle mit Wärmebehandlung in üblicher Weise nach den dort angegebenen Temperaturen. Weiter gibt es die *nichtmagnetisierbaren* Stähle in Blatt 390. Sie sind sämtlich austenitisch. Ihre Wärmebehandlung ist nur ein Abschrecken. Das gleiche gilt für *nichtrostende* (Blatt 400) und *korrosionsfeste* Stähle. Die *hitzebeständigen* Stähle (Blatt 470, 472, 490) sind als Cr-, Ni-, Si- oder Al-legierte Stähle ferritisch oder austenitisch. Sie werden abgeschreckt, ohne daß sie härten. Für erhöhte Festigkeiten wird eine Ausscheidungshärtung durch Anlassen vorgenommen. *Warmfeste* Stähle (Blatt 670) erhalten ihre Eigenschaften vor allem durch Mo und V. Bis zu Betriebstemperaturen von 600° sind es perlitische Cr–Mo- oder Cr–Mo–V-legierte Stähle, deren Sonderkarbide hier zu einer erhöhten Anlaßbeständigkeit führen. Erst Betriebstemperaturen über 600° verlangen austenitische (Cr–Ni–Mo–W-, gegebenenfalls noch Co-legierte) Stähle. Sie werden abgeschreckt und ausgehärtet. Bei allen oben erwähnten Baustählen ist zu bedenken, daß sie als hochlegierte Stähle schlechte Wärmeleiter sind und entsprechend vorsichtig erwärmt werden müssen.

51. Werkzeugstähle[3]. Werkzeuge werden im Gegensatz zu Bauteilen überwiegend auf Druck, Verschleiß und Temperatur beansprucht. Der Druck- und Verschleißbeanspruchung begegnet man am besten durch hohe Härte unter Beigabe von Karbiden. Die Temperaturfestigkeit bestimmt den Härteabfall und damit die Einsatzfähigkeit des Werkzeugs. Um die besten Härteergebnisse zu haben, müssen die Werkzeugstähle von höchster Reinheit und Gleichmäßigkeit sein, weitgehend frei von Einschlüssen und Blasen. Sie werden deshalb vielfach in kleinen Elektroöfen erschmolzen und zählen zu den Edelstählen. Bei den zahllosen Anforderungen, die an alle möglichen Werkzeuge gestellt werden, ist die Zahl der handelsüblichen Stahlsorten entsprechend groß. Es bestehen folgende Stahl–Eisen-Werkstoffblätter:

a) Unlegierte Werkzeugstähle (Blatt 150). Die C-Gehalte reichen von 0,3 bis 1,5%, wobei die Sprödigkeit mit zunehmendem C steigt. Man unterscheidet

---

[1] z. B. die OCe-Stähle von Röchling. OCe = Ohne Cementation.

[2] Es werden hier nur allgemeine Angaben gemacht. Wegen weiterer Einzelheiten sei auf die angeführten Werkstoffblätter verwiesen, insbesondere auf die Angaben zur Wärmebehandlung.

[3] Näheres s. Werkstattbuch H. 50: HERBERS, Die Werkzeugstähle.

untereutektoide, eutektoide und übereutektoide Stähle (Abschn. 7) in 4 bis 6 Härtegraden: weiche mit etwa 0,6%, zähe mit etwa 0,8%, zähharte mit etwa 1,1%, harte mit etwa 1,3%. Nach der Herstellung und dem Reinheitsgrad gibt es drei Güten mit den Zusatzbezeichnungen W 1 (beste), W 2 (mittlere) und W 3 (untere Güte, die im SM-Verfahren für Massenteile hergestellt wird). Die Eigenart der unlegierten Stähle liegt in der zum Härten erforderlichen hohen kritischen Abschreckgeschwindigkeit. Daraus ergeben sich zwei Umstände, die kennzeichnend sind: die Einhärtetiefe ist einmal begrenzt, was dann als Vorteil zu werten ist, wenn ein Werkzeug im Innern noch etwas zäh sein soll, oder auch bei Teilhärtungen (Schraubenzieher, Holzbohrer u. a.); zum andern besteht eine Härteempfindlichkeit, d. h. die Temperaturen müssen sehr genau eingehalten werden, weil sonst vor allem Grobkorn entsteht. Nach dem Härten wird auf die gewünschte Härte oder Zähigkeit angelassen.

Bei übereutektoiden Stählen sind die freien Karbide in die martensitische Grundmasse eingebettet. Während die höchste Härte bereits bei einem C-Gehalt von etwa 0,7% erreicht wird, nimmt die Verschleißfestigkeit mit steigender Karbidmenge zu. Bei der Mindestgüte W 3 empfiehlt es sich, wegen zu großer Gefahr der Spannungs- oder Rißbildung, bereits kleine Teile nicht in Wasser, sondern in Öl oder im Warmbad zu härten.

Wie erwähnt, sind die unlegierten Werkzeugstähle keineswegs als billiger Behelf anzusehen. Sie verlangen nur eine sehr sorgfältige (gegebenenfalls eine vom Lieferwerk vorgeschriebene) Behandlung. Beim Vorliegen sehr feiner Karbide bietet sich die Möglichkeit der Herstellung von Schneiden mit höchster Schärfe, wie sie in der Genauigkeitsfertigung z. B. an Reibahlen, Gewindewerkzeugen o. ä. verlangt werden.

b) Legierte Kaltarbeitstähle (Blatt 200). Hier wird durch Legierungselemente Cr, Mn, V, Mo und teils W eine Karbidbildung herbeigeführt, die die Härtefähigkeit (Einhärtung, Durchhärtung) sowie den Verschleißwiderstand und die Anlaßbeständigkeit erhöht. Die geringere Neigung zur Grobkornbildung führt zu erhöhter Zähigkeit. Die Anwesenheit der genannten Elemente verringert ebenfalls die kritische Abkühlgeschwindigkeit, so daß stets die Vorteile der Öl- oder Warmbadhärtung, z. T. sogar der Lufthärtung wahrgenommen werden können. Man bezeichnet sie der Zusammensetzung entsprechend nach DIN 17006. Es sind durchweg perlitische Stähle, vereinzelt auch ledeburitische, sogenannte Riffelstähle. Die Riffelstähle sind W-legiert und zeichnen sich durch eine höchstmögliche Härte aus. Ihre Wärmebehandlung ist einfach. Sie werden nur in Wasser abgeschreckt und bei den üblichen niedrigen Temperaturen angelassen. Eine vorsichtige Erwärmung ist bei allen legierten Stählen wegen der schlechten Wärmeleitung am Platze. Es empfiehlt sich die Einschaltung einer Vorwärmstufe bei etwa 400···600°, von der dann schneller auf die gewünschte Härtetemperatur erhitzt werden kann. Je höher diese liegt, desto höher wird vorgewärmt. Für kleine, verwickelte Teile soll die Abschrecktemperatur an der unteren, für massivere Stücke an der oberen Grenze gewählt werden. Abgeschreckt wird je nach Angabe in Wasser, Öl oder im Salzbad von etwa 180···230°. Eine Sonderstellung nehmen die 12%igen Cr-Stähle ein, wie sie für Schnittwerkzeuge u. a. Verwendung finden. Neben besonders langsamem Vorwärmen ist hier wegen der schweren Löslichkeit der zahlreichen Cr-Karbide ein längeres Durchwärmen nötig. Dieser Stahl kann an Luft oder auch im Warmbad bis zu 400° abgeschreckt werden. Für alle gehärteten Werkzeuge empfiehlt sich zur Verringerung von Spannungen eine Entnahme aus dem Abschreckbad in möglichst handwarmem Zustande und eine unmittelbare Überführung in die Anlaßwärme. Die Höhe der Anlaßtemperatur ist Erfahrungssache und richtet sich überwiegend nach dem Verwendungzweck.

c) Legierte Warmarbeitsstähle (Blatt 250) dienen für Walz- und Schmiedewerkzeuge sowie für Formen beim Spritz- und Preßguß. Neben hoher Warmhärte und Warmverschleißfestigkeit wird auch gute Wärmeleitung gefordert, um die entstehenden Betriebsspannungen klein zu halten. Es sind überwiegend perlitische Stähle mit entsprechenden Karbidgehalten. Angelassen wird auf Temperaturen, die etwa 30···50° über der Arbeitstemperatur liegen. Daraus ergeben sich Brinellhärten zwischen 350 und 450 kp/mm², wobei eine ausreichende Zähigkeit gewährleistet ist. Die geforderte Anlaßbeständigkeit stellt sich nur nach sorgfältiger Lösung der Karbide bei genügend hoher Abschrecktemperatur ein. Die hochlegierten Stähle gestatten eine Abschreckung im Warmbad bei 400···450°, wobei mit geringstem Verzug gerechnet werden kann. Nach anschließender Luftabkühlung wird mehrstündig auf die erforderliche Temperatur angelassen und danach ein zweites Mal bei einer um etwa 30···50° niedrigeren Temperatur. Ein Härtediagramm zeigt Abb. 65.

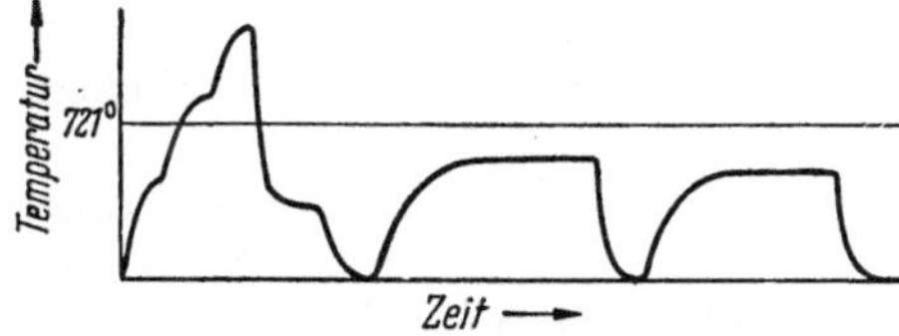

Abb. 65. Härtediagramm für die Wärmebehandlung eines Werkzeugstahls für Warmarbeit. 2 Vorwärmstufen, Abschrecken im Warmbad, doppeltes Anlassen

52. Schnellarbeitsstähle. Die zahlreichen im Handel befindlichen Sorten lassen sich auf einige wenige kennzeichnende Legierungsklassen zurückführen. Eine Übersicht über diese Klassen mit Angaben der Zusammensetzung und der wichtigsten Temperaturen gibt Tab. 8. Weitere Hinweise zu ihrer Verarbeitung und Verwendung enthält das Werkstoffblatt 320.

Tabelle 8. *Schnellarbeitsstähle (Stahl–Eisen-Werkstoffblatt 320)*

Stahlsorte		Chem. Zusammensetzung						Wärmebehandlung			
Kurzzeichen nach DIN 17006	Stoffnummer nach DIN 17007	i. M.	Höchstgehalte					Glühen	Härten		Anlassen
		C	W	Cr	Mo	V	Co		einfache Wkzg.	schwierige Wkzg.	
		%	%	%	%	%	%	°C	°C	°C	°C
ABC II	3316	0,82	9	4,5	1	1,7	—	770/820	1220/1250	1200/1230	540/560
ABC III	3333	0,07	3	4,5	2,8	2,5	—	770/820	1200/1230	1180/1210	530/550
B 18	3355	0,74	18,5	4,5	—	1,2	—	770/820	1250/1280	1230/1260	550/570
BMo 9	3346	0,82	2	4,2	9,2	1,3	—	770/820	1200/1230	1180/1210	530/550
D	3318	0,86	12,5	4,5	1	2,6	—	770/820	1230/1260	1210/1240	550/570
DMo 5	3343	0,82	6,7	4,5	5,3	2	—	770/820	1210/1240	1190/1220	540/560
EV 4	3302	1,25	12,5	4,5	1	4	—	770/820	1230/1260	1210/1240	550/570
ECo 3	3211	0,81	12,5	4,5	1	2	3	770/820	1230/1260	1210/1240	560/580
EV 4 Co	3202	1,33	12,5	4,5	1	4	5	770/820	1240/1270	1220/1250	560/580
E 18 Co 5	3255	0,79	18,5	4,5	0,8	1,7	5	770/820	1270/1300	1250/1280	560/580
E 18 Co 10	3265	0,76	18,5	4,5	0,8	1,7	10	770/820	1270/1300	1250/1280	560/580

Natur der Schnellstähle. Sie sind Ledeburitstähle. Nach dem Glühen bei 760···830° sind sie so weich, daß sie durch Drehen, Fräsen usw. bearbeitet werden können (wie es zur Herstellung von Fräsern, Spiralbohrern usw. nötig ist). Durch Anwendung zu hoher Glühtemperatur oder bei zu langen Glühzeiten bilden sich grobe Karbide, die beim Härten nur unvollkommen in Lösung gehen. Die Folge sind spätere geringere Schneidleistungen. Die Glühfestigkeit, 105···85 kp/mm², ist daher so zu bemessen, daß die Bearbeitbarkeit des Schnellstahles noch wirtschaftlich ist. Höhere Glühfestigkeiten ergeben dabei bessere Oberflächen.

Die *Zusammensetzung der Schnellstähle* ist in Tab. 8 angegeben. Der C-Gehalt muß den Gehalten an W, V, Co und Mo angepaßt werden. *Wolfram* bildet in Gemeinschaft mit *Chrom* Doppelkarbide, wodurch die hohe Anlaßbeständigkeit sich ergibt. *Molybdän* wirkt ähnlich wie Wolfram. 1% Mo ersetzt etwa 2···3% W. Geringe Gehalte an Mo, 0,25···1%, machen den Stahl mit 9···20% W anlaßbeständiger. Besonders erhöhen Zusätze von 2···3,5% Mo, wenn der W-Gehalt nur 2···3,5% beträgt, beträchtlich die Anlaßbeständigkeit und Schneidhaltigkeit.

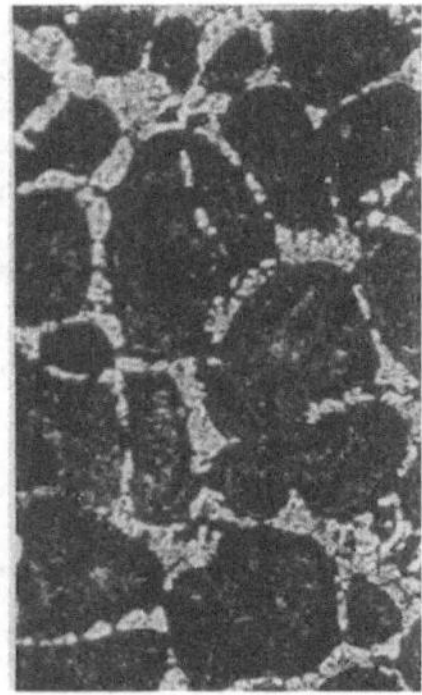

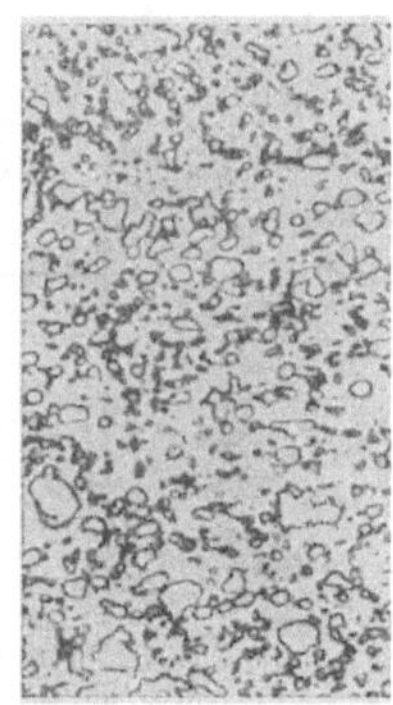

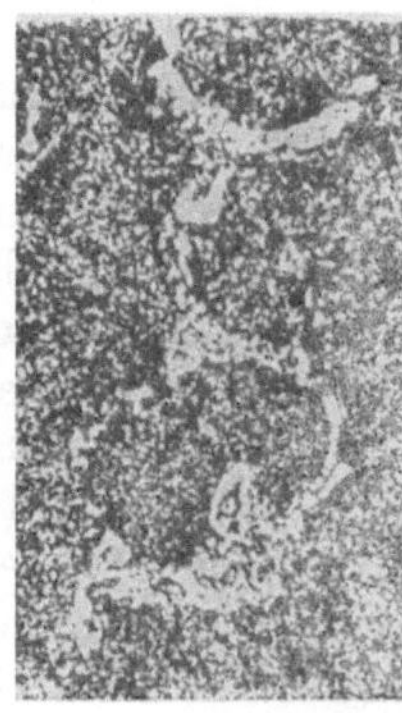

500:1	500:1	500:1
Abb. 66. Gefügebild von Schnellstahl, roh gegossen (nach RAPATZ)	Abb. 67. Schnellstahl Klasse D, geschmiedet und geglüht	Abb. 68. Schnellstahl Klasse E. Ungenügende Karbidzertrümmerung

Vanadium (bis 4% Zusatz) erhöht die Schneidhaltigkeit und Anlaßbeständigkeit und kann W und Mo bei Anwesenheit von Cr teilweise oder ganz ersetzen. *Kobalt* über ≈1% erhöht beträchtlich die Schneidhaltigkeit und Anlaßbeständigkeit, aber nur bei Anwesenheit von genügend V.

Gefügeaufbau. Nach dem Gießen zeigt das Gefüge ein mehr oder minder grobes Ledeburitnetz (Abb. 66), das durch Schmieden zerstört werden muß. Nach dem Schmieden und Glühen (Abb. 67) besteht das Gefüge dann aus einer sorbitischen Grundmasse mit Einschlüssen von Ledeburitkarbiden. Die Grundmasse ihrerseits besteht aus Ferritkristallen mit fein verteilten Karbiden. In beiden ist ein Teil des Cr und W gelöst. Die Größe der Ledeburitkarbide ist erheblich abhängig von der Legierung, dem Blockquerschnitt, der Gießtemperatur, der Verschmiedung und der Wärmebehandlung. Die Karbidverteilung wird durch Schmelzführung, Blockgröße, Warmformung und Wärmebehandlung nach der Warmformung beeinflußt.

Bei dünnen Querschnitten sind die Karbide durch Warmformung ausreichend zertrümmert. Bei dicken Querschnitten (Stangenmaterial) wirkt die Verschmiedung nicht bis zum Kern, sondern nur einige Zentimeter von außen nach innen. In den Kernzonen großer Abmessungen aus Stangenmaterial haben die Karbide infolge ungenügender Verschmiedung gardinenähnliche Gestalt oder sind in Form von verzerrtem Ledeburitnetzwerk vorhanden (Abb. 68). Diese Karbidformen gefährden beim Härten infolge ungleichmäßiger Spannungen das Werkzeug. Deshalb werden Werkzeuge großer Abmessungen aus gestaucht geschmiedeten Scheiben oder Kurzblöcken hergestellt, die eine praktisch weitgehende Karbidzertrümmerung gewährleisten.

Erhitzt man auf Härtetemperatur, so lösen sich die feinen Karbide der Grundmasse mit steigender Temperatur allmählich auf, und es entsteht ein Gefüge mit vieleckigen Kristallen, die um so größer sind, je höher die Temperatur gesteigert wird. Die Ledeburitkarbide lösen sich dabei aber nicht, so daß man nach dem Härten mehr oder weniger feine Ledeburitkarbide in einer grobflächigen Grundmasse von austenitisch-martensitischer Natur hat (Abb. 69). Die Größe der

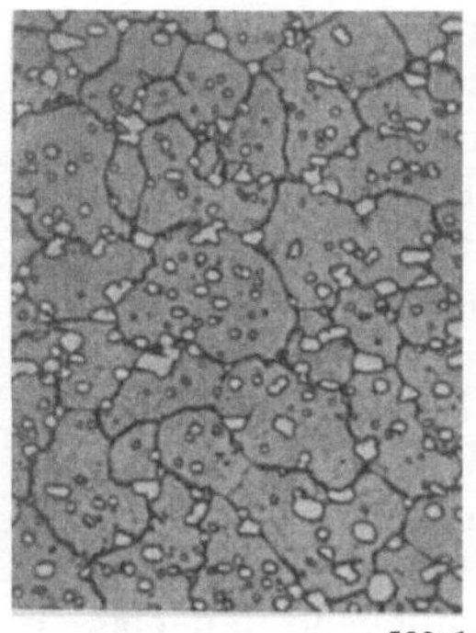

500:1

Abb. 69. Schnellstahl
Klasse D, richtig gehärtet

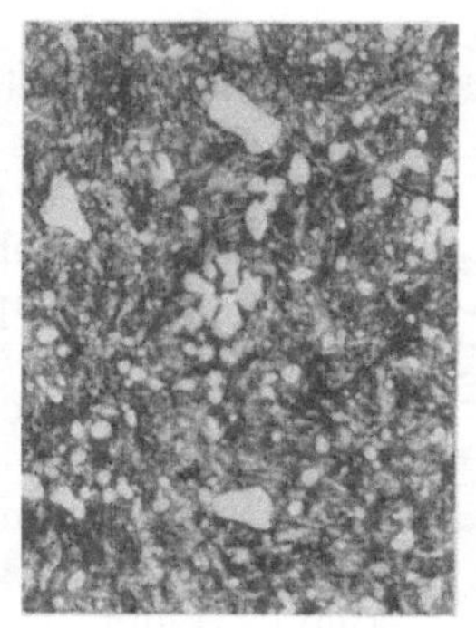

500:1

Abb. 70. Schnellstahl
Klasse D, richtig gehärtet
und angelassen

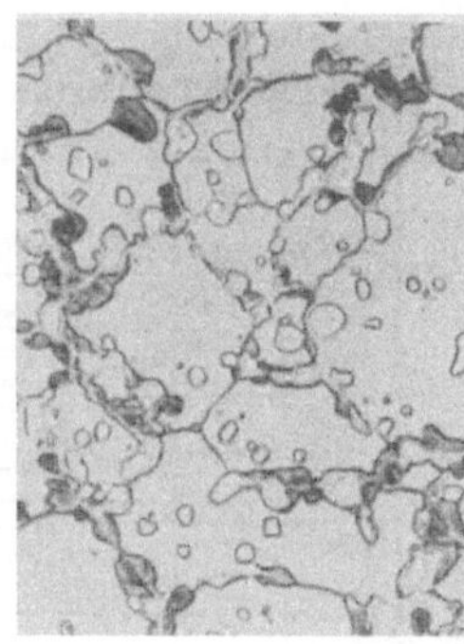

500:1

Abb. 71. Schnellstahl
Klasse D, überhitzt gehärtet

Vielecke ist kennzeichnend für die richtige Härtetemperatur bzw. Haltezeit auf Härtetemperatur. Läßt man den richtig abgeschreckten Stahl an, so geht allmählich der Austenit in Martensit über, bis man bei 520···600° rein martensitische Grundmasse hat (Abb. 70). Daß Schnellstahl aber auch überhitzt werden kann — und zwar sowohl durch zu hohes wie durch zu langes Verweilen auf Härtetemperatur —, zeigt Abb. 71. Hier sind die Ledeburitkarbide bereits zerflossen und das Gefüge hat die Form wie im Guß wieder angenommen. Aus Abb. 72 ist das Gefüge eines aus zu niedriger Temperatur (1200°) gehärteten Schnellstahls der Klasse E, der bei 550° angelassen eine Härte von 65 HRC hat, zu ersehen. Die Karbide sind nicht gelöst, die Schneidleistungen entsprechend geringer.

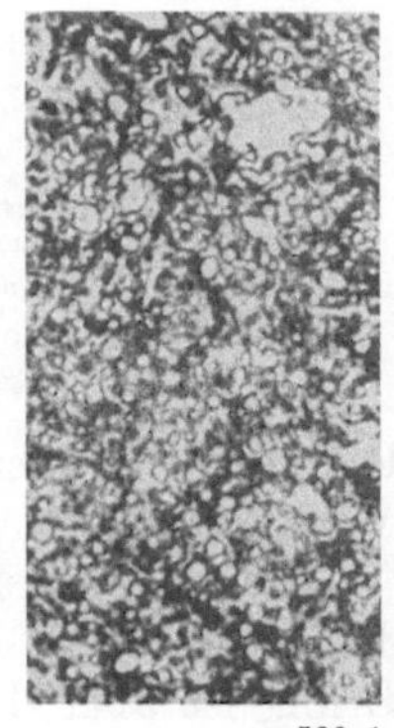

500:1

Abb. 72. Schnellstahl
EV 4 zu niedrig gehärtet und angelassen

Wärmebehandlung. Die Umwandlungstemperaturen sind gegenüber C-Stahl stark verschoben, die Umwandlungspunkte in mehrere zersplittert. Die kritische Geschwindigkeit ist so herabgesetzt, daß in milde wirkenden Mitteln, wie Preßluft, Warmbad, Öl, Petroleum, gehärtet werden kann. Schon von ≈ 1050' abgekühlt, wird Schnellstahl gut hart (Abb. 73), jedoch wächst die Härte mit steigender Härtetemperatur, und besonders wächst die Anlaßbeständigkeit (s. weiter unten). Es wird daher möglichst aus 1210···1310° gehärtet und dann bei 530···580° angelassen. In diesen hohen Härte- und Anlaßtemperaturen liegt die Eigenart der Schnellstahlbehandlung. Zum Härten wird das Werkzeug in einer (etwa 800°), zwei (etwa 800/1050°) oder sogar drei Stufen (etwa 550/850/1050°) langsam vorgewärmt, dann schnell und durchgreifend in auf- und entkohlungsfreien (neutralen) Salzbädern oder Öfen auf

Härtetemperatur gebracht. Um die Karbide, vor allem die Doppelkarbide, weitgehend zu lösen, muß bis unmittelbar vor die Schmelzgrenze erwärmt werden. Da der angegebene Temperaturbereich nur etwa 20···30° beträgt, muß die Temperaturmessung mit einer Genauigkeit von etwa $\pm 5°$ erfolgen. Nur dann werden die Voraussetzungen für eine Ausnutzung der in den Legierungsbestandteilen liegenden Leistungsmöglichkeiten geschaffen. Eine zu hohe Härtetemperatur (Überhitzen) ist genau so nachteilig wie ein zu langes Halten (Überzeiten) auf der richtigen Temperatur. Ein überzeitetes Werkzeug neigt zu Grobkornrissigkeit, Schleifempfindlichkeit und Sprödigkeit. Es empfiehlt sich daher, feingezahnte, empfindliche Werkzeuge von der unteren Hälfte des angegebenen Temperaturbereiches zu härten und einfache, massive Werkzeuge von der oberen Hälfte. Die Haltezeiten sind weitgehend Erfahrungssache und hängen mit der Gestaltung des Teils engstens zusammen. Feine Spitzen werden sich sehr schnell auf die Temperatur des Härteofens erwärmen. Um sie nicht zu überzeiten, ist ein kurzes Herausnehmen zum Temperaturausgleich empfehlenswert.

Abgeschreckt wird meist in Öl von 30···80° oder in Salz- oder Bleibädern von 300···560°. Um bei großen Teilen die Spannungen gering zu halten, wird das Werkstück bis auf $\approx 200°$ abgekühlt und anschließend angelassen. Dicke Werkzeuge werden, um gleiches martensitisches Gefüge zu erhalten, bis zur 10fachen Dauer dünner Werkzeuge angelassen. Bei Fräsern und ähnlichen Werkzeugen wird allgemein doppeltes oder aber mehrfaches Anlassen zwischen 500···600° angewendet, wodurch die Zähigkeit und auch meist die Schneidhaltigkeit erhöht werden. Beim ersten Anlassen zersetzt sich der Martensit, der Restaustenit oft erst beim Abkühlen. Beim zweiten Anlassen zersetzt sich dann der aus dem Restaustenit gebildete Martensit.

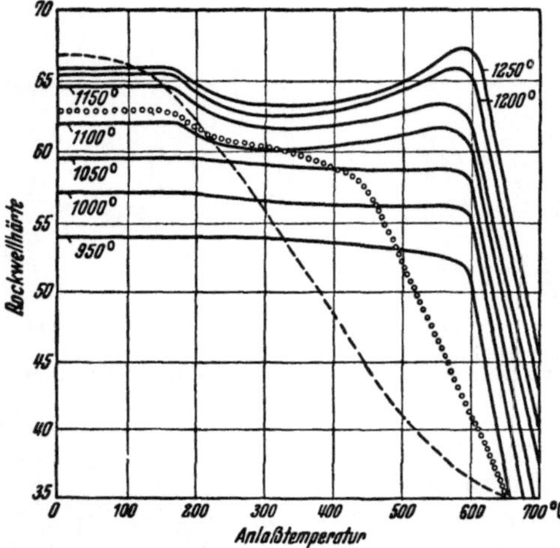

Abb. 73. Verlauf der Anlaßhärte bei verschiedenen Stahlsorten und Härtetemperaturen

———— Schnellstahl Klasse D;

°°°°°°° Chromstahl (2% C, 12% Cr);

------ C-Stahl (1,1% C)

Bei der Tiefkühlung (unter —60°), anstelle des ersten Anlassens, zersetzt sich der Restaustenit in Martensit, beim weiteren Anlassen der Martensit. Der gleiche Erfolg ist aber durch doppeltes Anlassen auch zu erzielen. Die Rockwellhärten nach dem Härten und nach dem Anlassen betragen bei Schnellstählen im allgemeinen 63···67 HRC. Die niedrig W-haltigen Stähle sind härte-, entkohlungs- und überhitzungsempfindlicher als die hoch W-haltigen (18%igen) Stähle und ertragen nur ein kurzes Halten auf der höchst zulässigen Härtetemperatur. Aus diesem Grunde hat sich der B 18, der auch als 18–4–1-Stahl bekannt ist (18 W, 4 Cr, 1 V), immer einer großen Beliebtheit erfreut, weil er verhältnismäßig unempfindlich in der Wärmebehandlung ist. Die mit über $\approx 2{,}7\%$ V legierten Schnellstähle haben auch bei sorgfältigster Wärmebehandlung unbestimmte Maßänderungen nach dem Härten und Anlassen. Diese nachteilige Eigenschaft wird durch Anhärten auf eine Festigkeit von 115···120 kp/mm² (Härten von $\approx 1250°$ an ruhender Luft, Glühen bei 680···700°) gemildert, aber nicht ganz behoben. Gleichzeitig wird die Bearbeitbarkeit, z. B. bei feinzahnigen Fräsern, bedeutend verbessert.

Abb. 74 zeigt ein Härtediagramm mit drei Vorwärmstufen und drei Anlaßbehandlungen. Da in diesem Fall für das Vorwärmen, Durchwärmen und Abschrecken bereits 5 verschiedene Öfen erforderlich sind — das Anlassen kann
meist am nächsten Tag geschehen —, ist es verständlich, wenn kleinere Betriebe
nicht selbst ihren Schnellstahlanfall härten. Zusammen mit den fehlenden Erfahrungen ist es dann ratsamer, zu einer Lohnhärterei zu gehen.

Die *Leistungsfähigkeit* eines Schnellstahlwerkzeugs ist — richtige Schnittwinkel
vorausgesetzt — abhängig von der Legierung, der Karbidverteilung, der Härte-
und Anlaßtemperatur und der
Anlaßzeit. Während man Span-
querschnitt und Schnittge-
schwindigkeit bei Werkzeugen
aus unlegierten und mittellegier-
ten Stählen höchstens so wählen
darf, daß die Arbeitstemperatur der Schneide 150···200°,
bei selbsthärtenden Stählen

Abb. 74. Härtediagramm für Schnellstahlhärtung mit drei
Vorwärmstufen und dreifacher Anlaßbehandlung

300···400° nicht übersteigt, kann man bei Schnellstahl vorübergehend 500···600°
zulassen. Durch den hohen Verschleißwiderstand und die hohe Temperatur-
beständigkeit ist der Schnellstahl dem C-Stahl bedeutend überlegen. Die Anlaßhärte ist eine Folge der Gefügebeständigkeit (Karbide bis $\approx 600°$). Sie ist besonders
abhängig von der Härtetemperatur und der Legierung. Den Einfluß der Härtetemperatur auf die Anfangs- und Anlaßhärten eines Schnellstahls der Klasse D
zeigt Abb. 73. Das Wiederansteigen der Härte beim An-
lassen zwischen 520 und 600° tritt nur bei richtig aus-
gehärteten Schnellstählen ein. In diesem Zustande hat
der Stahl martensitisches Gefüge, die höchste Zähigkeit
und Schneidhaltigkeit. Die Auswirkung der einzelnen
Behandlungsstufen kann durch Härtemessungen verfolgt
werden. Die Anlaßhärte liegt richtig, wenn sie rechts
vom Gipfelpunkt der Kurven (bei etwa 600°), also am
abfallenden Ast liegt. Unmittelbar nach Versuchen zeigt
Abb. 75 den Zusammenhang zwischen Härtetemperatur
und Lebensdauer der Schneide hoch und niedrig mit W
legierter Schnellstähle. Die hoch C-haltigen Schnellstähle
haben auch aus niedrigeren Temperaturen, z. B. Klasse E
bei 1200° gehärtet, hohe Anfangshärten (65 HRC), und
erreichen durch Anlassen bei 550···580° wieder diese hohe
Härte. Dies ist aber kein sicheres Merkmal für die
richtig oder unrichtig durchgeführte Wärmebehandlung.

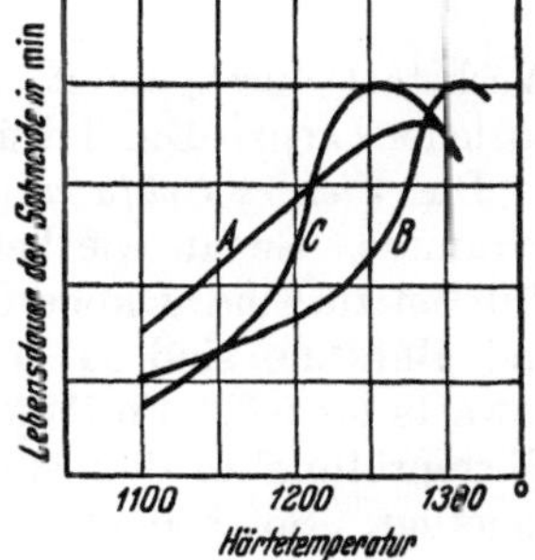

Abb. 75. Standzeit von Schnellstählen bei verschiedenen
Härtetemperaturen

A Stahl mit 17% W und 0,3% V;
B Stahl mit 22% W und 1% V;
C Stahl mit 10% W und 1,8% V

Eine sichere Beurteilung ist nur aus dem metallografischen Schliffbild möglich.

Eine weitere Leistungssteigerung ist durch Nitrieren (0,01 bis 0,1 mm Tiefe)
möglich, das während des letzten Anlassens in stickstoffhaltigen Anlaßbädern
geschehen kann. Diese Nachbehandlung ist nur bei solchen Werkzeugen zweckmäßig, die nicht allseitig nachgeschliffen werden, wie z. B. hinterdrehte Form-
werkzeuge (Gewindebohrer, Verzahnungsfräser usw.).

B. Werkstoffprüfungen zur Wärmebehandlung

53. Härteprüfung. Als Härte bezeichnet man den Widerstand eines Werkstoffes,
den dieser dem Eindringen eines anderen Körpers entgegensetzt. Es ist keine genau

umgrenzte Eigenschaft. Da jedes Prüfverfahren andere mechanische Eigenschaften erfaßt, besteht zwischen den zahlenmäßigen Ergebnissen keine einfache, vielfach gar keine gesetzmäßige Beziehung. Für die Industrie sind folgende Verfahren, teils mit ruhender, teils mit schlagender Belastung der Prüffläche, geeignet:

Härteprüfung nach Brinell (DIN 50351). Eine gehärtete Stahlkugel wird in eine glatte, ebene Fläche unter einer ruhend wirkenden Kraft so lange eingedrückt, bis ihr Vordringen zum Stillstand kommt. Als Brinellhärte (Kurzzeichen HB) gilt das Verhältnis von Prüflast zu Oberfläche des hinterlassenen Eindrucks in kp/mm². Die vom Kugeldurchmesser D abhängige Prüflast P wird als Belastungsgrad bezeichnet. Z. B. 30 D^2 oder 10 D^2, 5 D^2, 2,5 D^2. Der Belastungsgrad und der Kugeldurchmesser werden dem Kurzzeichen angehängt, z. B. HB 30/2,5 heißt, daß mit einer Kugel von 2,5 mm Durchmesser und einer Last von $30 \cdot 2,5^2 = 187,5$ kp geprüft wurde. Für Härten über HB = 400 wird das Verfahren ungenau, weil die Prüfkugel sich selbst um so mehr verformt, je mehr sich die Werkstückhärte der Kugelhärte nähert. Die Brinellprüfung eignet sich also in erster Linie für weiche und zähvergütete Werkstücke. Zwischen der Zugfestigkeit und der Brinellhärte besteht für Stahl die Beziehung $\sigma_B \approx 0,35 \cdot$ HB 30. Diese aus der Härte errechnete Festigkeit wird Brinellfestigkeit (BF) genannt.

Für hohe Härten ist die *Rockwell-C-Prüfung* günstiger (DIN 50103), bei der ein Diamantkegel als Eindringkörper benutzt wird (Kegel engl. = cone, daher

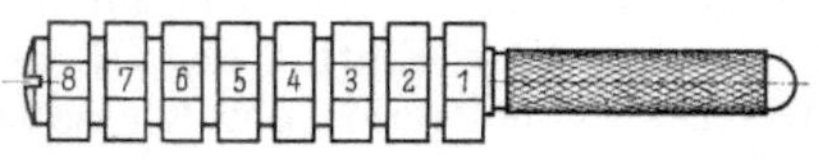

Abb. 76. Härtevergleichsstab für Feilhärteprüfung

Kurzzeichen HRC). Der Härtewert ist eine willkürlich festgelegte Größe. Die HRC-Prüfung hat sich insbesondere für harte Werkstücke wegen der Einfachheit und Schnelligkeit ihrer Durchführung in der Werkstatt durchgesetzt. Bei dünnen Teilen bzw. Härteschichten ist das Ergebnis unsicher (wegen Durchdrückens).

Die *Vickers-Prüfung* (DIN 50133) benutzt als Eindringkörper eine Diamantpyramide. Genau wie bei der Brinellprüfung wird die Härte als Verhältnis von Prüflast zu Eindruckoberfläche in kp/mm² angegeben. Härtewerte nach VICKERS und BRINELL sind daher vergleichbar. Die Prüflasten können von etwa 60 kp abwärts bis 0,025 kp (Mikrohärteprüfung) gestuft werden und gestatten damit die Härteprüfung an dünnsten Schichten. Die Prüflast wird dem Kurzzeichen (HV) angefügt. So bedeutet HV 10 eine Härteprüfung nach VICKERS mit 10 kp Prüflast. Die kleinen Eindrücke verlangen feingeschliffene Prüfflächen. Dieses Verfahren findet insbesondere Anwendung bei geringen Härtetiefen und als Stichentscheid in Zweifelsfällen.

Eine *Vergleichstabelle* vorstehender Härtewerte gibt DIN 50150. Bei der *Rücksprung-Härteprüfung* (Skleroskop nach SHORE oder Sklerograf) wird die Rücksprunghöhe eines kleinen Fallkörpers mit eingesetztem Diamanten oder Stahlkugel als Vergleichsmaß für die Härte verwendet. Die Prüfung, die sich nur für harte Flächen und dünne Schichten eignet, ist nicht sehr verläßlich. Die *Kugelschlaghämmer* (bekannt als *Poldi-* und als Federschlaghammer) ergeben in einfachster Weise die Brinellhärte ausreichend genau. Die *Feilenprobe* gestattet durch „Anfühlen" der Härte eines Vergleichsstabes (Abb. 76) mit einer Härteprüffeile einen Vergleich der unmittelbaren Oberfläche und ermöglicht Aussagen über vorhandene Härte oder „*Weich*haut". In der Hand eines geübten Prüfers ist die Feile sehr aussagefähig und in manchen Fällen die einzige Prüfmöglichkeit (z. B. Bohrerspitzen, Zahnflanken o. ä.).

54. Härtbarkeitsprüfung. Unter Härtbarkeit versteht man die Fähigkeit zur Härteannahme. Sie kann hoch sein (Lufthärter) oder gering (Wasserhärter). Ein

Zahlenwert als Ausdruck der Härtbarkeit ist erwünscht, da sich mit jeder Stahlschmelze (Charge) die Zusammensetzung des Stahls und seine hüttentechnische Vorgeschichte, die beide auf die Härtbarkeit entscheidend einwirken, ändern können. Man kann ein ZTU-Schaubild (Abschn. 15) aufnehmen durch Messen oder durch Auswerten von Schliffbildern an Proben mit verschieden langen Haltezeiten. Beide Verfahren sind sehr aufwendig und für eine werkstattmäßige Durchführung nicht geeignet. Einfacher ist es, Proben zu härten und dann an einem Bruch oder einem Schliffbild die Durchhärtung zu verfolgen. Diese Verfahren gestatten auf schnellem Wege vergleichende Untersuchungen unter abweichenden Härtebedingungen, wie verschiedene Höhe der Abschrecktemperaturen, unterschiedliche Abschreckmittel, deren Temperaturen usw. Die Zahlenwerte, die so gewonnen werden, geben Auskunft über die erreichbare *Höchsthärte* und auch über das *Einhärteverhalten* verschiedener Querschnitte.

In der Praxis will man durch eine Prüfung entweder für einen gegebenen Stahl die bestmöglichen Härtebedingungen finden (Einzelfertigung) oder eine neue Stahlcharge den gegebenen Arbeitsbedingungen anpassen (Reihenfertigung). Die erste Aufgabe tritt meist bei Werkzeugstählen und Baustählen mit besonderen physikalischen oder chemischen Eigenschaften auf. Die zweite Aufgabe betrifft die große Masse der Einsatz- und Vergütungsstähle und ist zweckmäßig im Stahlwerk zu lösen. Hier hat sich vor allem die *Bruchprobe* durchgesetzt (Abschn. 6). Alle Proben mit gleichem Querschnitt werden dabei unterschiedlichen Härtebedingungen unterworfen. Als Zahlenwert kann dabei nur ein Maß über die Einhärtung gewonnen werden. Der Befund ist weitgehend subjektiv und ein sicheres Urteil erfordert große Erfahrung. Eine Abwandlung der einfachen Bruchprobe ist die Mehrfachbruchprobe nach METCALF (Abb. 42), bei der am gleichen Stab (225 mm lang mit Einkerbungen) unterschiedliche Verhältnisse dadurch geschaffen werden, daß er nach durchgreifender Vorwärmung ungleichmäßig (ein Ende im Ofen, das andere außerhalb) längere Zeit einer hohen Temperatur ausgesetzt wird. Nach dem Abschrecken geben die Brüche Auskunft über Durchhärtung, Kornvergröberung, Abbrand usw. Die richtige Härtetemperatur läßt sich hiermit nicht bestimmen, wohl aber das bestmögliche Gefüge.

55. Stirnabschreckprobe nach JOMINY zur zahlenmäßigen Bestimmung der Härtbarkeit. Ein auf Abschrecktemperatur erwärmter Zylinder von 25,4 mm Durchmesser und 101,6 mm Länge mit einseitigem Bund wird an diesem aufgehängt und durch einen auf die untere Stirnseite auftreffenden Wasserstrahl bis zu 25 min abgeschreckt. Die genauen Versuchsbedingungen sind in Anlehnung an die amerikanische Norm vom VDEh festgelegt (Stahl–Eisen-Prüfblatt 1650). Nach dem Abkühlen werden beiderseits über die ganze Länge Flächen angeschliffen, auf denen dann von der Stirnseite ausgehend die Härtewerte gemessen werden. Da die örtliche Abkühlungsgeschwindigkeit mit zunehmendem Abstand von der Stirnfläche kleiner wird, werden bei Stählen mit geringer Härtbarkeit die Härtewerte schneller abfallen. Abb. 77 zeigt die JOMINY-Kurven für einige Stähle von unterschiedlicher Härtbarkeit. Alle Streuwerte der Kurven für eine Stahlsorte liegen innerhalb eines Bandes. Ein derartiges Kurvenband (Abb. 78) kann zwischen Besteller und Stahlwerk als Grundlage der Lieferbedingungen vereinbart werden. Die Stahlzusammensetzung kann zur Beurteilung zusätzlich herangezogen werden, sollte jedoch nie allein über Annahme oder Ablehnung entscheiden.

56. Kohlungsverhalten. Der Kohlungsvorgang wird vom Kohlungsmittel[1] und vom aufzukohlenden Werkstoff beeinflußt. Das Verhalten des Werkstoffes wird

---

[1] Über Verhalten und Prüfung der Kohlungsmittel vgl. Werkstattbuch H. 8: KLOSTERMANN, Die Praxis der Warmbehandlung, 6. Aufl.

in einfacher Weise durch Kohlung von Probestäben ermittelt, die abgeschreckt und
dann gebrochen werden. Diese Stäbe haben beliebigen Querschnitt, sind rund oder
vierkant und sollen aus der gleichen Charge stammen wie der zu kohlende Werkstoff selbst. Irgendeinen Stab der gleichen Stahlsorte aufzukohlen und zu unter-
suchen hat wenig Sinn, da Kohlungsgeschwindigkeit, Konzentrationsverlauf usw.
stark von der Zusammensetzung und der Vorgeschichte der einzelnen Charge
abhängen.

Die gebrochene Probe wird mit dem bloßen Auge auf Körnigkeit beurteilt.
Die Kohlungstiefe kann in Abhängigkeit von der Zeit verfolgt werden, wenn man
gleichzeitig mehrere Proben aufkohlt und in bestimmten Zeitabständen je eine
abschreckt und bricht. Die Tiefe wird mit einer Lupe in $^1/_{10}$ mm ausgemessen.
Der Bruch kann auch in verdünnter Salpetersäure geätzt werden, wodurch die
gehärtete Schicht deutlicher sichtbar wird. Genauere Angaben über die *Kohlung*
erhält man aus einer weichgeglühten Stufendrehprobe (wobei von jeder Schicht eine
C-Bestimmung durchgeführt wird)
und über die *Einhärtung* aus einer
Reihe von Härteprüfeindrücken.
Beide Verfahren sind zeitraubend

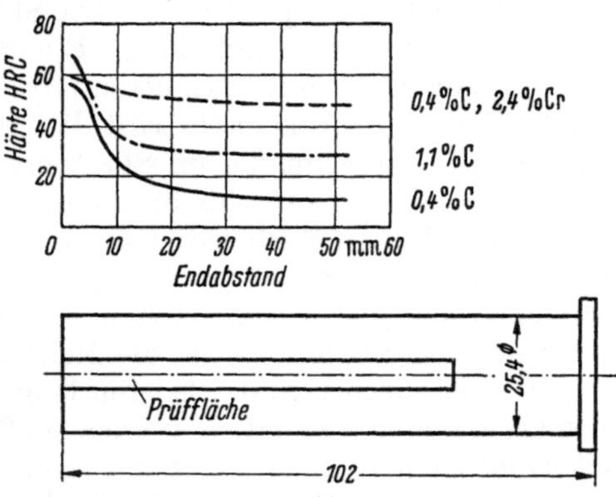

Abb. 77. Stirnabschreckprobe mit Härtbarkeitskurven
von Stählen mit unterschiedlicher Härtbarkeit
(nach Jominy]

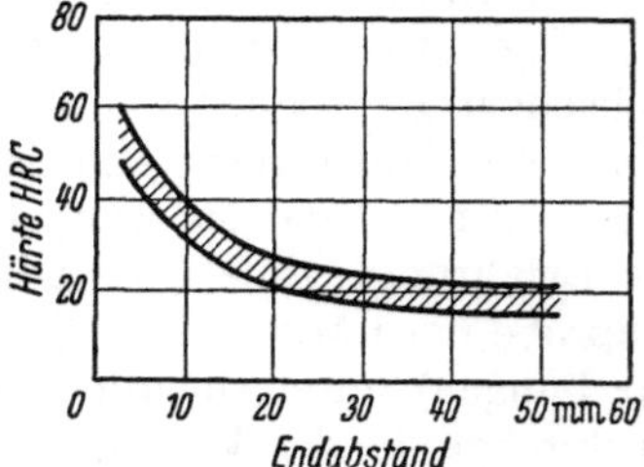

Abb. 78. Beispiel eines Streubandes, in dem die
Härtekurven aller Stirnabschreckproben
einer Stahlsorte liegen sollen

und lassen die Frage der zahlenmäßigen Härtetiefe offen, da die Werte kurven-
förmig verlaufen (Abb. 53). Die Möglichkeit der metallografischen Untersuchung
sei ebenfalls erwähnt. Die Bestimmung der Härtetiefe bleibt stets eine Frage der
Übereinkunft. Ihre Ermittlung und Einhaltung ist werkstattmäßig nicht genauer
als auf $\pm 0,1$ mm möglich.

Ein Bild von der Neigung zum *Kornwachstum* bei den langen Kohlungszeiten gibt die
Quaid-Ehn-Probe. Sie wird übereutektoid aufgekohlt. Dabei scheidet sich der überschüs-
sige Kohlenstoff als Zementit an den Grenzen des Austenitkorns aus. Da das gebildete Zementitnetz bei der Abkühlung keine Umwandlung erfährt, gestattet es nachträglich auf
metallografischem Wege die Bestimmung der Austenitkorngröße. Korngrößenwerte von
1 bis 5 gelten als grob, von 6 bis 8 als fein.

C. Zeichnungsangaben zur Wärmebehandlung

57. Anforderungen an die Zeichnung. Die Werkstattzeichnung soll den funktionsfähigen Zustand wiedergeben und dient als Unterlage für die Arbeitsvorbereitung und die Fertigung. Sie muß Angaben enthalten über den verwendeten Roh-
stoff, die Behandlungsart und die Härtewerte. Diese Angaben dienen dazu, daß
im Werkstofflager die richtige Sorte, gegebenenfalls im gewünschten Anlieferungszustand, bereitgestellt wird, daß an den Orten der umformenden oder abspanenden
Bearbeitung eine Vorstellung über die zu erwartenden Festigkeitswerte gewonnen
wird, daß die Härterei die erforderlichen Behandlungsdaten wie Temperaturen,

Haltezeiten, Abschreckmittel usw. richtig ermittelt und daß schließlich auch die Kontrolle weiß, welche Eigenschaften und Kenngrößen nachzuprüfen sind. Zwischenbehandlungen, deren Erfolg im funktionsfähigen Zustand des Teils nicht unmittelbar zu erkennen ist, wie z. B. Spannungsfreiglühen oder Zwischenglühen, brauchen auf der Zeichnung nicht erwähnt zu werden. Ihre Festlegung ist Sache der Arbeitsvorbereitung, ihre Erwähnung sollte im Arbeitsplan erfolgen. Für den Fall einer sehr verwickelten Wärmebehandlung empfiehlt sich die Ausarbeitung besonderer Behandlungsanweisungen für die Härterei. Sie enthalten genaue Angaben über den Gang der Behandlung, wie z. B. Höhe und Dauer der Vorwärmung, Höhe der Abschrecktemperatur und Haltezeit, Abschreckmittel und dessen Temperatur, Anlaßbehandlung mit Temperatur- und Zeitangaben. Diese Anweisungen können meist auf bestimmte Stahlsorten zusammengeführt werden. Selten ist es nötig, sie auf das Teil zu beziehen. Falls nach Behandlungsanweisungen gearbeitet wird, genügt ein Hinweis auf der Zeichnung bzw. dem Arbeitsplan, ähnlich wie auch bei einer Vorrichtung.

Alle Angaben, die die Wärmebehandlung betreffen, sollten zusammengefaßt werden und auf dem Zeichnungsfeld einen festen Platz erhalten, z. B. linke untere Ecke. Das führt zu einer Gewöhnung und erleichtert die Handhabung im ganzen Betrieb.

58. Angaben zur Behandlungsart. Es ist stets der vollendete Zustand anzugeben (Wortbegriff in der Vergangenheit), also für eine durchgreifende Behandlung: „durchgehärtet" (stets klar unterscheiden, ob durch- oder nur oberflächengehärtet), „vergütet auf . . ." (Festigkeit), „angelassen auf . . ." (Härtewert oder Temperatur), „gealtert" oder Glühbehandlungen wie „spannungsfreigeglüht", „normalgeglüht" oder „weichgeglüht" usw. In allen diesen Fällen wird das gesamte Bauteil durchgreifend der Wärme ausgesetzt (vgl. Tab. 9). Soll es nur teilweise behandelt werden, so muß der Bereich abgegrenzt sein. Hierbei ist auf die Möglichkeiten der anzuwendenden Behandlung Rücksicht zu nehmen. Teilbehandlungen, die von einem Werkstückende aus beginnen, lassen sich sowohl in einem Kammerofen durchführen, indem nur das zu behandelnde Ende in den Ofen gesteckt wird, als auch in einem Bad, wobei nur entsprechend weit eingetaucht wird. Eine genaue Abgrenzung ist in beiden Fällen nicht möglich. Es wird stets eine mehr oder weniger breite, von vielen Umständen beeinflußte Übergangszone entstehen. Aber eine Zahlenangabe mit dem Ungefährzeichen ($\sim$) muß als Maß in die Zeichnung oder in ein auf der Zeichnung dargestelltes Härtebild eingetragen werden. Ein Härtebild ist eine stark verkleinerte, unmaßstäbliche und stark vereinfachte Darstellung des Bauteils an der Stelle des Blattes, wo alle Angaben über die Wärmebehandlung zusammengefaßt sind. Die Anwendung eines Härtebildes empfiehlt sich immer dann, wenn die erforderlichen Eintragungen in der allgemeinen Vermaßung der Hauptdarstellung untergehen oder deren Klarheit stören.

Tabelle 9. *Beispiele für Zeichnungsangaben bei durchgreifender Wärmebehandlung*

Beispiel Nr.	Beispiel für	Text auf der Zeichnung
1	Werkzeug, gehärtet	150 Cr 6 durchgehärtet HRC 62 $\pm$ 2
2	Bauteil, vergütet	C 45 vergütet auf BF 110 $\pm$ 5 kp/mm²
3	Bauteil, oberflächengehärtet	16 MnCr 5 im Einsatz gehärtet Einhärtungstiefe 0,8 mm HRC 60 $\pm$ 2
4		34 CrAl 6 vorvergütet auf BF 90 $\pm$ 5 kp/mm² Nitriertiefe 0,2 mm HV 2 950 $\pm$ 80 kp/mm²

Bei Angaben zur Oberflächenhärtung ergeben sich die Begriffe: „im Einsatz gehärtet" oder „einsatzgehärtet", „nitriert" oder, falls weiter unterschieden werden muß, auch „nitriergehärtet" oder „weichnitriert", „flammengehärtet" oder „brenngehärtet" und schließlich „induktiv gehärtet". Alle diese Eintragungen verlangen eine Abstimmung mit der Zeichnung, sei es, daß für das jeweilige Verfahren der erforderliche Werkstoff eingetragen wird oder daß die Darstellung und Vermaßung auf sonstige Eigenarten der Verfahren einzugehen hat (Tab. 10, Beispiele 3 u. 4). Es wird sich vielfach um Teilhärtungen handeln. Die klarste Kennzeichnung gibt immer ein Härtebild, wobei die Umrisse der zu härtenden Oberfläche (gegebenenfalls in zwei Ansichten oder auch im Schnitt) dicker ausgezogen werden (vgl. Tab. 10, Beispiel 2).

Tabelle 10. *Beispiele für Zeichnungsangaben bei teilweiser Wärmebehandlung*

Nr.	Beispiel für	Zeichnungsangaben Bild	Zeichnungsangaben Text
1	untergeordnete Anforderungen. Prüforts- und Härteangabe durch Bezugshaken	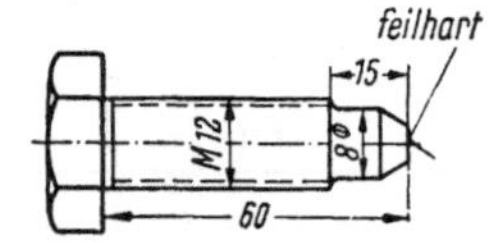	St 37 K Spitze in Kali gehärtet
2	Härteortsangabe durch Härtebild im Schnitt	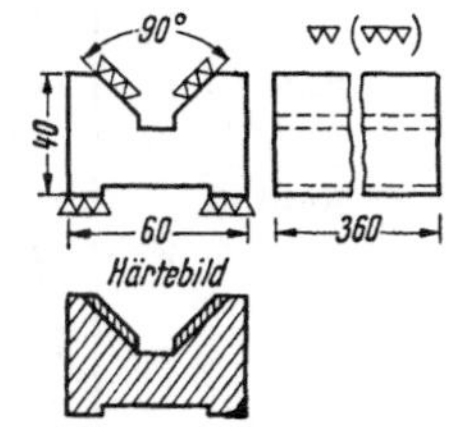	Cf 53 flammengehärtet Einhärtungstiefe 2 mm HRC 60 ± 2
3	Einsatzhärtung mit Fläche, die weich bleiben muß (Salzbadaufkohlung)	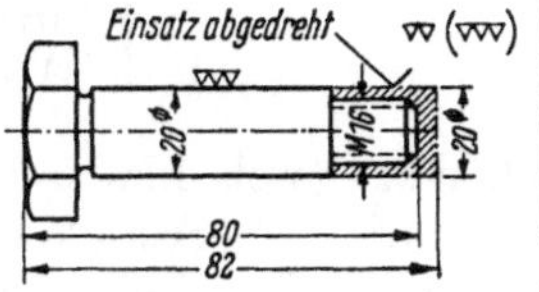	18 CrNi 8 im Einsatz gehärtet Einhärtungstiefe 1,0 mm HRC 62 ± 2
4	gleiches Teil wie bei 3, jedoch anderes Härteverfahren. Härteortsangabe durch Maßlinie	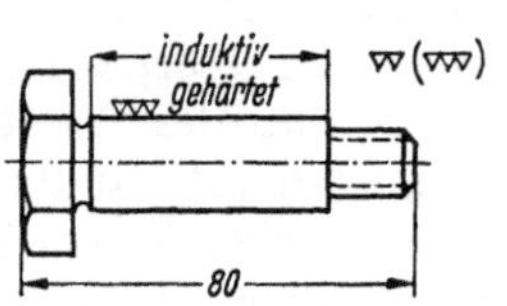	50 CrMo 4 vorvergütet auf BF 100 ± 10 kp/mm² Einhärtungstiefe 1,0 mm HRC 58 ± 3

Sind beim Einsatzhärten Teilhärtungen erforderlich, die sich nicht durch Abdecken erreichen lassen, wie z. B. bei der Salzbadkohlung, so bleibt eine Bearbeitungszugabe stehen, die nach der Kohlung durch Abspanen entfernt wird. Die Zugabe muß in der Zeichnung strichpunktiert angegeben und auch vermaßt werden (Tab. 10, Beispiel 3), denn diese Maße können die Rohabmessungen beeinflussen, werden aber bestimmt beim Drehen, Bohren, Fräsen usw. benötigt, wo diese Flächen entstehen. Die Zugabe je Fläche soll mindestens der doppelten geforderten Härtetiefe entsprechen.

Angaben über eine entspannende Anlaßbehandlung bei 160···200° sind auf einer Zeichnung nicht erforderlich. Diese Nachbehandlung ist für gehärtete Teile selbstverständlich.

59. Angaben über Härtewerte. Als Grundregel sollte gelten, daß Härteangaben stets in der Einheit gemacht werden, in der sie auch gemessen werden. Die Angaben stammen vom Konstrukteur, der sich bei ihrer Eintragung etwas gedacht haben muß. Die Einheiten, in denen man denkt, sind im allgemeinen für harte Teile HRC-Werte und für weiche Teile die Zugfestigkeit bzw. Brinellfestigkeit. Die Brinellprüfung ist so anpassungsfähig an die gegebenen Verhältnisse, daß eine Messung fast immer durchgeführt werden kann. Doch die HRC-Prüfung setzt voraus, daß das Bauteil die hohe Prüflast von 150 kp ohne Verformung verträgt, daß andererseits die Härteschicht nicht durchgedrückt wird und so zu Trugschlüssen führt und schließlich, daß die entstehenden geringfügigen Oberflächenverletzungen durch die Prüfeindrücke keine schädliche Kerbwirkung für das Bauteil haben. Falls der Prüfort für eine Rockwellprüfung nicht zugänglich ist (Zahnflanken), muß die Härtemessung und damit auch die Härteangabe nach einem anderen Verfahren erfolgen (Härtevergleichstafeln DIN 50150). Die Vickersprüfung wird bei dünneren Schichten, bei sehr hohen Härtewerten (Nitrierhärtung) und in Sonderfällen (dünne Werkstücke, Zahnflanken, Mikroprüfung usw.) angewendet werden müssen. Bei schwingend beanspruchten Teilen, bei denen keine Oberflächenverletzungen durch die Prüfung erzeugt werden dürfen, sind Fallhärteprüfungen vorzuziehen. Alle diese Prüfungen liefern Zahlenwerte. Ist für untergeordnete Teile ein genauer Härtewert nicht erforderlich, so kann die Härteprüffeile herangezogen werden und in der Zeichnung steht „feilhart". (Tab. 10, Beispiel 1).

Die Zahlenwerte zur Härteangabe stammen aus der Erfahrung, der Überlegung oder der Empfindung. Die Überlegung sollte davon ausgehen, daß große Härte mit hoher Sprödigkeit zusammengeht. Die Art der Beanspruchung spricht auch mit. So wird man gehärtete Bauteile (meist Oberflächenhärtungen) mit etwa HRC 62, schleifempfindliche Stähle wie die Cr–Mn-Einsatzstähle mit etwa HRC 60 versehen. Noch geringere Härtewerte sollten nur bei erhöhten Zähigkeitsforderungen vorgesehen werden. Gehärtete Werkzeuge werden bei stark schlagender Beanspruchung auf etwa 48···60 HRC, bei stetiger, drückender oder schneidender Beanspruchung auf etwa 61···67 HRC gebracht. Die höchsten Härtewerte sollten dabei jedoch nur bei solchen Werkzeugen Anwendung finden, wo tatsächlich die Härte im Vordergrund der Beanspruchung steht, wie Reißnadeln, Feilen u. ä. Bei legierten, karbidhaltigen Stählen kann man die Härte höher ansetzen (64···67 HRC) als bei unlegierten Stählen, weil die Legierungselemente die Zähigkeit erhöhen.

Bestehen nur unbestimmte Vorstellungen über einen Härtezustand, so kann sich der Konstrukteur durch einen Härtevergleichsstab (Abb. 76) helfen. Dieses Gerät ist für die Werkstatt und das Konstruktionsbüro gleichermaßen geeignet. In Zweifelsfällen sollte man stets die Härte zu niedrig ansetzen. Es ergibt sich dann früherer Verschleiß, was meist tragbarer ist, als ein Sprödbruch bei zu hoher Härte.

Wie jedes Maß in der Fertigung eine Tolerierung erfordert, so auch die Härtemaße. Die Toleranzen sollen zunächst einen Raum lassen für das Arbeitsergebnis der Härterei, d. h. für die Streuung der Härtewerte selbst. Daneben besteht aber bei jedem Prüfgerät und jedem Prüfenden eine Unsicherheit (vgl. DIN 50150), die auch in das Meßergebnis eingeht. Die einzelnen Werkstoffchargen streuen in ihrem Härteverhalten, so daß die Gesamttoleranz alle diese Umstände zu berücksichtigen hat. Die Mindesttoleranz bei der Rockwell-Prüfung sollte ± 2 HRC betragen, bei der Vickers- und Brinell-Prüfung ist sie von der Härte abhängig (DIN 50150).

Soll die Härte an einem bestimmten Ort sicher vorliegen, so kann durch eine *Härteortsangabe* die Kontrolle darauf hingewiesen werden (Tab. 10, Beispiel 1). Gegebenenfalls sind dann Härteprüfvorrichtungen erforderlich (vgl. DIN 51200).

60. Angaben zur Härtetiefe. Bei Oberflächenhärtungen ist stets eine Tiefenangabe erforderlich. Bei Kohlungsverfahren könnte man zwischen der Kohlungstiefe und der Härtetiefe unterscheiden. Da die Zeichnung den Endzustand darstellt und die Härtetiefe ja letztlich interessiert, sollte diese in der Zeichnung als „Einhärtungstiefe" angegeben werden. Mit dieser Bezeichnung lassen sich auch die Verfahren Flammen-, Induktions- und Tauchhärtung erfassen. Für das Nitrieren gilt „Nitriertiefe". Bis zu welcher Tiefe die Einhärtung zählt, ist nicht genormt und Sache der Vereinbarung. Eine Toleranzangabe ist hier nicht erforderlich, da die Einhärtungstiefen sich zerstörungsfrei nicht sicher nachweisen lassen. Sie müssen durch Vorversuche bestimmt werden. Lediglich eine zu dünne Härteschicht, die vom Prüfkörper durchgedrückt wird und einen zu geringen Härtewert vortäuscht, kann von außen leicht erkannt werden.

Die Dicke der Härteschicht wird bestimmt durch die Anforderungen. Je größer der zu erwartende oder zulässige Verschleiß und je höher die Flächenpressung desto tiefer muß eingehärtet werden. Bei dünnen Teilen (Blechen) sollte die Einhärtung je Fläche höchstens 25% der Wandstärke betragen, da sonst der Charakter einer Oberflächenhärtung verloren geht. Die Tiefe der Einhärtung ist meist verfahrensbedingt begrenzt. So liegt die übliche, ohne Schwierigkeiten zu erreichende Kohlungstiefe bei etwa 1,5 mm, während ausgesprochene

Tabelle 11. *Einhärtungstiefe, Härteverfahren, Prüfverfahren*

Einhärtungstiefe (Vorzugswerte) mm	mögliches Oberflächenhärteverfahren[1]				Härteprüfverfahren
	E	N	F	I	
0,1	+	+	—	○	HV 1
0,2	+	+	—	○	HV 2
0,3	+	+	—	+	HV 10
0,5	+	○	—	+	HV 50
0,8	+	○	—	+	HRC
1,0	+	—	○	+	HRC
1,2	+	—	+	+	HRC
1,6	○	—	+	+	HRC
2	○	—	+	+	HRC
3	○	—	+	+	HRC
5	○	—	+	+	HRC

[1] E Einsatzhärtung; N Nitrierhärtung; F Flammenhärtung; I Induktionshärtung. + gut durchführbar; ○ bedingt durchführbar; — nicht durchführbar.

Tiefkohlungen bis zu 5 mm führen. Nitriertiefen bis zu 1,0 mm lassen sich nur unter großem Zeitaufwand erreichen. Bei der Flammen-, Induktions- und Tauchhärtung sind die Härtetiefen eine Frage der Einwirkungszeit. Einhärtungen unter 1,0 mm lassen sich hier mit Sicherheit nur bei der Induktionshärtung erreichen. Höchstwerte bis 5 mm lassen sich erzielen. Beim Kohlen und Nitrieren ist die Härtetiefe eng mit der Wirtschaftlichkeit gekoppelt, so daß 1,5 mm beim Kohlen nicht überschritten werden sollten, es sei denn, daß erheblicher Verschleiß zu erwarten ist (z. B. Baggerbolzen).

Alle Tiefenangaben auf der Zeichnung wie auch alle anderen Maße beziehen sich auf den Fertigzustand. Da die Härtetiefe meist an Flächen entsteht, die noch geschliffen werden, also eine Bearbeitungszugabe enthalten müssen, ergibt sich beim Härten die Aufgabe, auf die geforderte Einhärtungstiefe des Fertigzustandes + Dicke der Zugabe einzuhärten, bzw. aufzukohlen. Wie groß die Zugabe ist, kann sehr einfach durch Messen festgestellt werden. Bei Massenteilen, die nicht alle zu diesem Zweck in der Härterei gemessen werden können, wird die Zugabe toleriert. Hinzu kommt noch, daß die Härteschicht bei eintretendem Härteverzug durch Nacharbeit ungleichmäßig abgetragen wird und somit eine Einhärtung von ungleicher Tiefe verbleibt. Je stärker der Verzug (z. B. gekrümmte Welle), desto dünner kann die verbleibende Schicht werden. Alle diese Umstände sind bei der Festlegung von Zahlenwerten zu berücksichtigen. Um nicht zu verschiedenartige Zahlenwerte zu bekommen, sollte man sich auf einige Vorzugswerte festlegen. Einhärtungstiefen unter 0,8 mm gestatten keine Härteprüfung nach Rockwell mit 150 kp Prüflast, weil die Schicht durchdrückt. Es ist dann mit der Vickersprüfung zu arbeiten, die noch kleinere Lasten vorsieht. Um bei Zahnrädern keine Durchhärtung zu bekommen, muß die Einhärtungstiefe auf den Modul abgestimmt sein und ebenso die Prüfbedingungen. Einen Anhalt für den Zusammenhang zwischen Einhärtungstiefe, Härteverfahren und Prüfverfahren gibt Tab. 11.

VII. Formänderungen und Spannungen
A. Auswirkung von Temperaturunterschieden

61. Vorgänge beim Erwärmen. Solange die Temperatur in einem Körper überall genau gleich ist, können im Körper keine Wärmespannungen entstehen. Eine Raumvergrößerung durch steigende Temperatur geht bei fallender Temperatur wieder zurück, so daß der Körper, wenn er die Anfangstemperatur wieder erreicht hat, auch seinen Anfangsraum wieder hat und frei von Wärmespannungen ist. Beim Erwärmen eines Körpers von außen werden fast immer die äußere Schicht, Kanten, Vorsprünge u. dgl. wärmer sein als der innere Teil, der Kern. Der Unterschied wird um so größer, je dicker und unregelmäßiger der Körper ist und je schneller er erwärmt oder abgekühlt wird. Diese Temperaturunterschiede im Körper führen zu Spannungen. Die kälteren (festeren) Teile suchen die wärmeren (schwächeren) an ihrer Ausdehnung zu hindern. Damit ist aber noch nicht gesagt, daß nach der Wärmebehandlung, also wenn der Körper seine Anfangstemperatur (Raumtemperatur) wieder erreicht hat, Spannungen zurückbleiben, besonders dann nicht, wenn sehr langsam und möglichst gleichmäßig abgekühlt wird. Spannungen bleiben nur dann zurück, wenn zu irgendeiner Zeit die Elastizitätsgrenze überschritten wurde. Dabei ist zu beachten, daß bei erwärmten Körpern die Elastizitätsgrenze sehr tief liegt, also Formveränderungen, d. h. Dehnungen und Stauchungen leicht auftreten können.

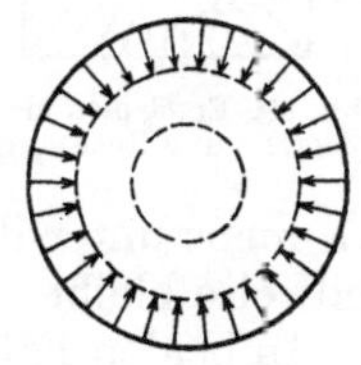

Abb. 79. Erwärmen einer Kugel

Erwärmen einer Kugel. Nehmen wir zunächst den einfachsten Körper, die Kugel, und setzen voraus, daß sie von *außen* ganz gleichmäßig erhitzt werde. Dann wandert die Wärme gleichmäßig nach innen, d, h. sie schreitet in Kugelzonen vor bis zum Mittelpunkt, wie schematisch in Abb. 79 angegeben. Nach einiger Zeit wird die äußere Schicht der Kugel, die „Schale“, eine höhere Temperatur angenommen haben als der „Kern“. Infolgedessen wird die Schale in ihrem Bestreben, sich ihrer Temperatur gemäß auszudehnen, durch den Kern gehindert, der sich entsprechend seiner geringeren Temperatur nur weniger ausdehnen möchte. Dadurch entstehen Spannungen, und zwar in der Schale, die durch den Kern zurückgehalten wird, im wesentlichen Druckspannungen, im Kern, der durch die Schale herangezogen wird, im wesentlichen Zugspannungen. Wären Schale und Kern zwei getrennte Körper, so würde sich die Schale ungehindert mehr ausdehnen als der Kern und zwischen ihnen ein Spalt entstehen. Da sie aber ein einziger Körper sind, muß die Kugel im ganzen eine mittlere Ausdehnung erfahren, die um so größer ist, je mehr der Einfluß der Schale den des Kerns überwiegt. Da jedoch die Schale wegen ihrer höheren Temperatur weicher und nachgiebiger ist als der Kern, so wird dessen Einfluß überwiegen, und in der Schale werden sich durch plastische Verschiebungen die Spannungen verringern. Nimmt nun schließlich auch der Kern die Endtemperatur an,

so werden die Spannungen verschwinden, indem der Kern sich ausdehnt, und zum
Schluß wird die Kugel vollkommen spannungslos sein und den Raum einnehmen, der
dieser Temperatur entspricht.

Erwärmen eines Zylinders. Bei zylindrischen oder rechteckigen Körpern sind
die Vorgänge beim Erwärmen verwickelter als bei der Kugel, weil bei ihnen auch bei
gleichmäßiger äußerer Erhitzung die Wärme von der ganzen Oberfläche ungleichmäßig nach innen vorschreitet. An den Mantelkanten und an den Ecken, wo Mantel
und Stirnflächen zusammenstoßen, gehört zu einem Stück von bestimmtem Inhalt
eine größere Oberfläche als an jeder anderen Stelle. Da nun um so mehr Wärme ein-
dringt, je größer die Oberfläche ist, so erwärmen sich die Ecken und Kanten am
schnellsten, und die Wärme schreitet nicht in zylindrischen bzw. rechteckigen Zonen
vor, sondern angenähert in elliptischen (eiförmigen), etwa wie schematisch in Abb. 80
durch die Pfeile angedeutet. Im übrigen tritt hier auch wieder derselbe Zustand ein

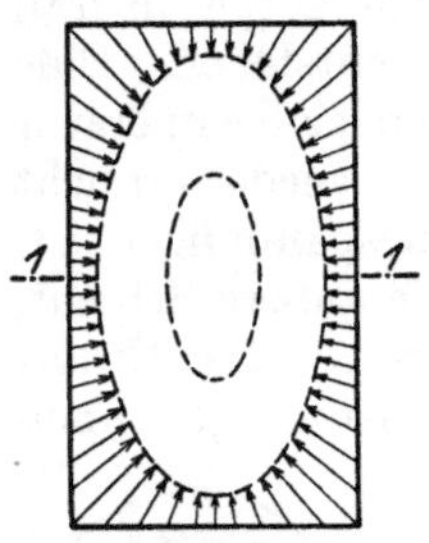

wie bei der Kugel: Nach einer gewissen Zeit ist die Schale erheblich wärmer als der Kern, infolgedessen kommt sie unter
Druckspannungen, der Kern unter Zugspannungen. Haben
dann schließlich Schale und Kern dieselbe hohe Temperatur,
so sind alle Spannungen wieder verschwunden, ganz besonders
dann, wenn der Stahl so weich geworden ist, daß er Spannungen überhaupt nicht mehr halten kann, sondern durch
plastische Formveränderung jeder Spannung nachgibt.

Ist der zylindrische Körper nun zum Schluß ebenso spannungslos wie die Kugel und entsprechend der Temperatur aus-
gedehnt, so ist damit noch nicht gesagt, daß er seine Form
gewahrt hat; es ist sehr wohl möglich, daß die während des Er-

Abb. 80. Erwärmen eines
Zylinders und Rechtkants

wärmens unter dem Einfluß des noch kälteren Kernes eingetretene Formänderung
teilweise bleibt.

In beiden Fällen liegt eine Wärmesymmetrie vor. Daraus ergäbe sich eine Span-
nungssymmetrie. In der Praxis wird die Erwärmung kaum so symmetrisch erfolgen,
da einmal der Körper im Ofen aufliegt und an dieser Stelle eine höhere oder niedere
Temperatur aufweisen wird, zum anderen herrscht im Ofen nicht immer eine gleich-
mäßige Temperaturverteilung, so daß auch hier die Ursache für eine ungleichmäßige
Erwärmung zu suchen ist. Schließlich kann bei den Glühtemperaturen ein Körper
sich unter Einfluß seines Eigengewichtes bei der vorliegenden geringen Elastizitätsgrenze verformen. In den letztgenannten Fällen besteht also die Möglichkeit, daß
der Körper nach Durchwärmung unter dem Einfluß von Eigengewicht oder Erwärmungsspannungen als Folge ungleicher Temperaturverteilung eine Gestalt-
änderung erfährt, bevor die eigentliche Behandlung beginnt.

62. Vorgänge beim Abschrecken. *Die Kugel.* Schreckt man die glühende, gleichmäßig ausgedehnte Kugel ab, so wird die Schale nach kurzer Zeit kalt sein, der
Kern noch warm. Die Schale hat beim Erkalten das Bestreben, sich zusammenzuziehen, wird aber durch den noch warmen und ausgedehnten Kern daran gehindert. Sie drückt daher von allen Seiten auf den Kern — wie etwa die Hand eine
Lehmkugel fest umkrampft —, ohne ihn jedoch nennenswert zusammendrücken zu
können. Dadurch entstehen starke Spannungen in der Kugel, und zwar in der Schale
im wesentlichen Zugspannungen, im Kern Druckspannungen, die die Elastizitätsgrenze überschreiten können. Kühlt nun auch der Kern ab, so hat er das Bestreben,
sich zusammenzuziehen, wird aber von der bereits erstarrten Schale, mit der er verbunden ist, daran gehindert. Dadurch wandeln sich die Druckspannungen im Kern
in Zugspannungen um und umgekehrt die Zugspannungen der Schale in Druckspannungen. Nach der vollständigen Abkühlung wird die Kugel ein wenig größer

sein als vorher. Wichtiger als diese geringe Raumzunahme sind die Spannungen. Sie werden um so größer, je größer der Temperaturunterschied zwischen Schale und Kern war (hängen jedoch nicht nur davon ab). Abb. 81 zeigt an einem Beispiel die Temperaturunterschiede zwischen Schale und Kern einer Kugel von 26 mm Durchmesser, die in 14 s, also nicht einmal sehr rasch, von 700° auf 20° abgekühlt wurde. Die ausgezogenen Kurven zeigen den Verlauf der Temperaturen der Oberfläche und des Kernes, während die gestrichelte Kurve die daraus bestimmten Temperaturunterschiede angibt. Nach 4 s hat sie ihren Höchstwert von 300° erreicht und fällt dann wieder ab bis auf 0° bei 14 s. Würde man die Abkühlungsgeschwindigkeit erhöhen, also nach vielleicht 10 s bei 20° angelangt sein, so würden die Kurven steiler verlaufen, und der höchste Temperaturunterschied würde größer werden. Das gleiche würde bei einer Kugel von größerem Durchmesser eintreten.

Ist der Verlauf der Abkühlung genau bekannt (Abb. 81), ist es unter gewissen Voraussetzungen möglich, die Spannungen nach Größe und Richtung zu berechnen. Berechnungen, Versuche und Erfahrungen der Praxis zeigen nun, daß die Spannungen so groß werden können, daß die Kugel reißt. Zuerst besteht die Gefahr des Reißens beim Abschrecken, wenn die Schale erstarrt und der Kern noch bildsam ist: Durch die Zugspannungen entstehen auf der Oberfläche Risse, wenn die Bruchdehnung des Stahles geringer ist als die Dehnung, die die Schale braucht, um trotz der Abkühlung den vergrößerten Durchmesser beizubehalten. Bei der weiteren Abkühlung besteht dann die Gefahr, daß der auf Zug beanspruchte Kern zerreißt oder daß Kern und Schale sich voneinander lösen (konzentrische oder radiale Risse).

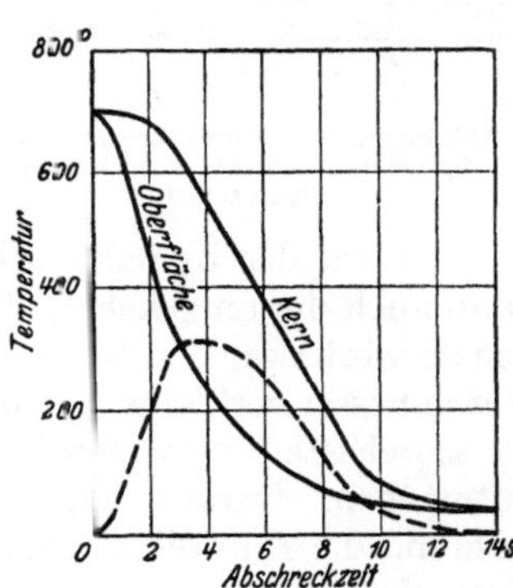

Abb. 81. Temperaturunterschiede zwischen Schale und Kern einer Kugel (nach TRÄGER)

Der zylindrische Körper. Ebenso ungleichmäßig wie eine Schale sich erwärmt, kühlt sie sich auch ab, so daß die schematische Darstellung Abb. 80 auch für die Abkühlung gelten kann. Diese Ungleichmäßigkeit ist die Ursache, daß der zylindrische Körper sich beim Abschrecken immer mehr oder weniger verzieht, d. h. nicht nur seinen Rauminhalt vergrößert, wie die Kugel, sondern auch seine Form ändert. Die Formänderung hängt von verschiedenen Umständen ab, wie Eigenschaften des Stahls (besonders C-Gehalt), Höhe der Abschrecktemperatur, Schnelligkeit der Abkühlung, Größe des Stückes. Es ist daher verständlich, daß die Formänderungen selbst bei geometrisch gleichen Körpern verschieden ausfallen. Wir wollen einige der möglichen Fälle betrachten:

a) Wird langsam abgekühlt, so ist die Schale in der Stirn- und Mantelfläche zunächst noch nachgiebig und der Kern noch bildsam. Der Kern wird sich unter dem allseitigen Druck der zusammenschrumpfenden Schale verlängern und durch die Stirnflächen „durchdrücken“, zugleich aber auch die Mantelfläche ringsum ausbauchen. Abb. 82a zeigt schematisch die ursprüngliche Form der Kerns (ausgezogen) und die unter der Druckwirkung der Schale entstandene (gestrichelt). Die Pfeile stellen die Druckkräfte dar. In Abb. 82 b ist zu der ursprünglichen Außenform (gestrichelt) die durch den Kern bedingte Tonnenform gezeichnet (ausgezogen). Das Streben zur Kugelform ist unverkennbar.

b) Wird zwar an der Mantelfläche schroff, an den Stirnflächen dagegen weniger schroff abgeschreckt (Flammen- oder Induktionshärtung des Mantels mit Wasserabschreckung), so wird der umkrampfte Kern sich nur verlängern und die Stirnflächen ausbauchen, dagegen wird die Zylinderfläche ihre Form beibehalten. In

Abb. 83a ist wieder schematisch der ursprüngliche und der durch die Druckwirkung verlängerte Kern gezeichnet, in Abb. 83b die Anfangs- und Endform der Schale mit den ausgebauchten Stirnflächen. Die Höhe der Schale (des Zylinders) kann dabei größer oder kleiner werden, je nach den besonderen Umständen, besonders der Elastizität des Stoffes während des Abkühlens.

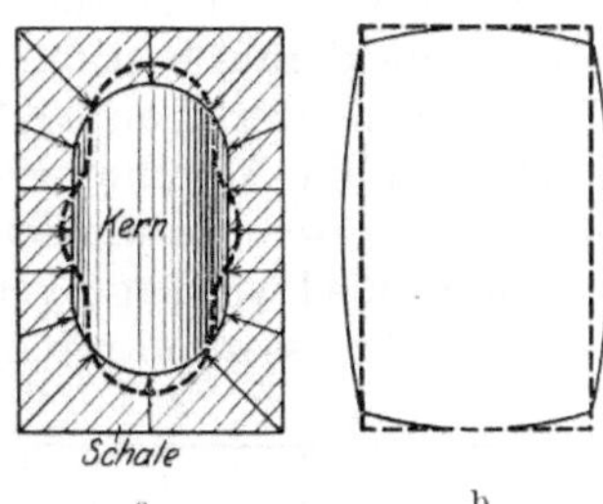
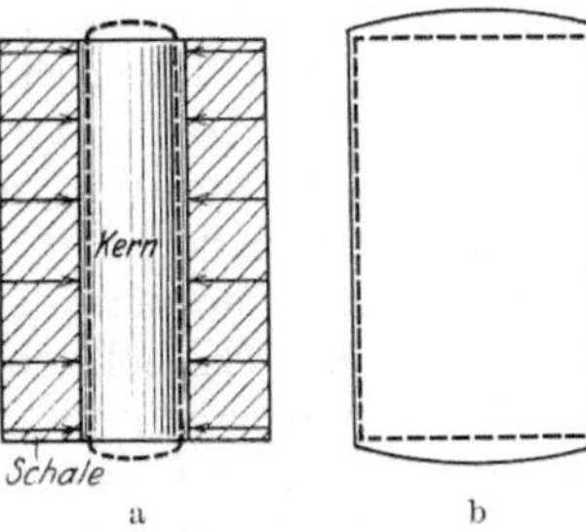
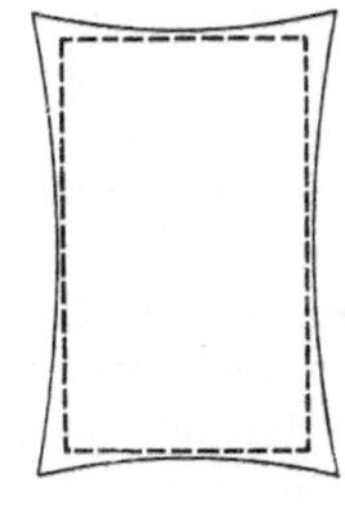

Abb. 82 a u. b.   Formänderung eines Zylinders bei nicht zu schroffem Abschrecken

Abb. 83 a. u. b.   Formänderung eines Zylinders bei nachgiebigen Stirnflächen

Abb. 84. Formänderung eines Zylinders bei schroffem Abschrecken

c) Wird der Zylinder allseitig schroff abgeschreckt (Wasserabschreckung), so kann auch die umgekehrte Tonnenform entstehen (Abb. 84). Die umkrampfende Schale wird zwar den Kern etwas verlängern, aber die Schale wird, indem sie ihren Durchmesser verkleinert, in der Länge wachsen. Diese Verkleinerungen können aber die am ehesten erstarrten Ecken zwischen Zylindermantel und Stirn am wenigsten mitmachen. Daraus mag sich die eingewölbte Form der Mantelfläche erklären, während die Einwölbung der Stirnflächen daraus folgt, daß der zuletzt erkaltende Kern sich verkürzt.

Die Spannungen können außerordentlich groß werden. So hat man bei kleinen zylindrischen Stücken (32 mm Durchmesser, 200 mm Länge), die von 600° in Wasser abgeschreckt wurden, Wärmespannungen, und zwar Zugspannungen, ermittelt, die 91% der Zugfestigkeit des benutzten Stahles betrugen. Durch Versuche wie Rechnungen ist festgestellt, daß die Spannungen wesentlich geringer werden, kaum halb so groß, wenn der Zylinder hohl gebohrt wird.[1]

Abb. 85. Formänderung eines Rechtkants durch oft wiederholtes Abschrecken (nach TRÄGER)

Körper mit rechteckigem und beliebigem Querschnitt. Während die Kugel bei gleichmäßigem Abschrecken ihre Form beibehält, der Zylinder sie nur wenig verändert, können rechteckige und vielgestaltige Körper sich erheblich verziehen. Abb. 85 zeigt die Form eines vorher rechtkantigen Körpers nach 347maligem Abschrecken. Das Streben zur Kugelform und die Hinderung durch die zuerst erstarrten Kanten sind deutlich zu erkennen.

Es kann ein wieder erkalteter Körper auch mehr oder weniger spannungsfrei sein und doch seine Form erheblich verändert haben. Kühlt z. B. ein erhitztes dünnes, flaches Stück nicht ganz gleichmäßig ab, so verzieht es sich, weil die noch heißen und darum bildsamen Teile den von den bereits abgekühlten Teilen ausgehenden Kräften nachgeben. Ist schließlich das Stück vollständig erkaltet, so ist es im wesentlichen spannungsfrei, aber krumm. Spannt man aber das noch heiße Stück zwischen zwei ebene Platten und kühlt es dann, so kann es sich auch bei ungleichmäßiger Abkühlung nicht verziehen (Härtepresse). Es treten wohl während der ungleichmäßigen Abkühlung Stoffverschiebungen auf, die aber zwangsweise so er-

---

[1] Vgl. H. STAUDINGER: Zweckmäßige Wärmebehandlung von Baustählen. Härterei-Techn.-Mitt., 11, H. 1, S. 25—48.

folgen, daß die ursprüngliche Form erhalten bleibt. Das Stück ist auch nach der Abkühlung eben und im wesentlichen spannungsfrei.

Abkühlspannungen bleiben dort zurück, wo eine erkaltende Masse eine weichere allseitig einschließt, so daß sie nicht ausweichen kann, und dort, wo bei einseitiger Kühlung der wärmere Teil immerhin schon so kalt ist, daß seine durch die Zusammenziehung des kühleren Teiles erzwungene Dehnung bereits Spannungen hervorruft. Dabei verbleiben in der zuerst abkühlenden Zone Druckspannungen (Randschicht) und in der zuletzt abkühlenden Zone Zugspannungen (Kern).

Erhitzt man einen Körper, der innere Spannungen zurückbehalten hat, nur wenig, so wird der Spannungszustand dadurch nicht wesentlich verändert. Erhitzt man ihn aber so hoch, daß der Werkstoff bildsam wird, so verschwinden alle Spannungen, und der Körper wird, gleichmäßig wieder abgekühlt, spannungsfrei.

B. Temperaturunterschiede und gleichzeitige Gefügeumwandlung

63. Raumvergrößerung durch Gefügeumwandlung. Die Formänderungen treten beim Abkühlen aller Körper auf, ganz gleich, aus welchem Werkstoff diese bestehen. Bei Stahl kommen nun aber noch Raumänderungen und daraus folgend Formänderungen und Spannungen vor, die eine Folge der Änderung des Kleingefüges sind (Umwandlungsspannungen). Wir wissen, daß der Austenit des hocherhitzten Stahls sich je nach der Geschwindigkeit der Abkühlung in Perlit, Sorbit, Troostit oder Martensit umwandelt und daß jede dieser Umwandlungen mit einer Raumvergrößerung verknüpft ist, die für Perlit am kleinsten, für Martensit am größten ist (vgl. Abschn. 17). Diese Raumvergrößerung

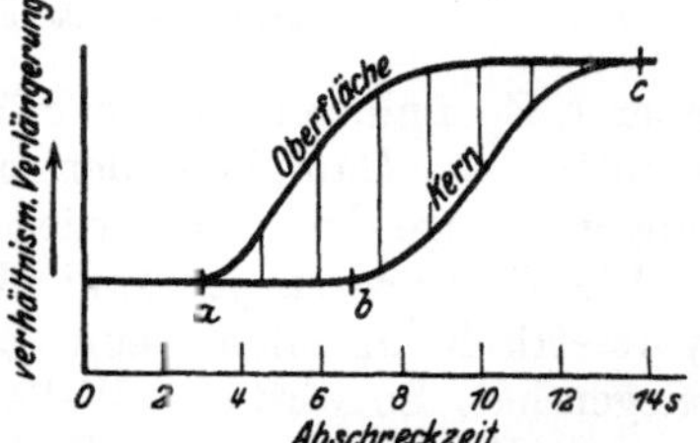

Abb. 86. Längenänderung des Durchmessers einer Kugel beim Abschrecken (nach TRÄGER)

erzeugt Druckspannungen, weil das Gefüge wachsen will, jedoch durch seine Umgebung daran gehindert wird.

Bei langsamem Abkühlen, wenn Perlit entsteht, hat die geringe Raumvergrößerung dem Austenit gegenüber keine Bedeutung, da sie, durch das ganze Stück gehend, weder Formänderungen noch Spannungen zur Folge hat. Bei schneller Abkühlung sind Formänderungen und Spannungen kaum zu vermeiden. Sie entstehen sowohl, wenn das ganze Gefüge martensitisch wird, als auch dann, wenn der Körper nur außen martensitisch, im Kern troostitisch oder sorbitisch wird. Im ersten Fall darum, weil der Martensit sich außen in der Schale früher bildet als innen im Kern, im zweiten Fall, weil Martensit einen größeren Raum einnimmt als Troostit und Sorbit. Abb. 86 stellt die Längenänderung des Durchmessers der Kugel aus Abschn. 62 dar, unter der Annahme, daß sowohl Schale wie Kern martensitisch werden. Der Durchmesser der Oberfläche, der Schale, wächst von Punkt a an, weil die Schale (Abb. 81) nach 3 s die Temperatur von 300° erreicht hat, bei der die Martensitbildung einsetzt. Der Kern dagegen vergrößert sich erst nach 7 s, weil er dann bei 300° angelangt ist. Nach völliger Abkühlung, d. h. nach 14 s, bei Punkt c, sind die Vergrößerungen verhältnismäßig gleich geworden — wenigstens theoretisch. Die senkrechten Abstände zwischen den zwei Kurven geben also die Dehnungen an und sind damit ein Maß für die Spannungen, die während der Abkühlung infolge der Austenit-Martensit-Umwandlung auftreten. Hierbei ist noch nicht berücksichtigt, daß der Austenit infolge Abkühlung vor der Umwandlung in Martensit seinen Rauminhalt stark verkleinert, was im allgemeinen die Spannungen erhöhen dürfte (vgl. Abb. 17).

64. Folgen der Formänderungen und Spannungen. Die Abkühl- und Umwandlungsspannungen treten in Wirklichkeit zusammen auf. Je nach den Umständen können beide Einflüsse sich in ihrer Wirkung verstärken oder zum Teil aufheben. (Abb. 87). Für die Kugel aus Abschn. 62 hat TRÄGER festgestellt, daß die Spannungen aus den Temperaturunterschieden und Gefügeänderungen zusammen nicht größer werden als aus den Temperaturunterschieden allein, wenn die Kugel ganz martensitisch wird, daß sie dagegen bedeutend größer werden, wenn nur die Schale martensitisch wird, der Kern dagegen troostitisch oder sorbitisch, d. h. weich bleibt.

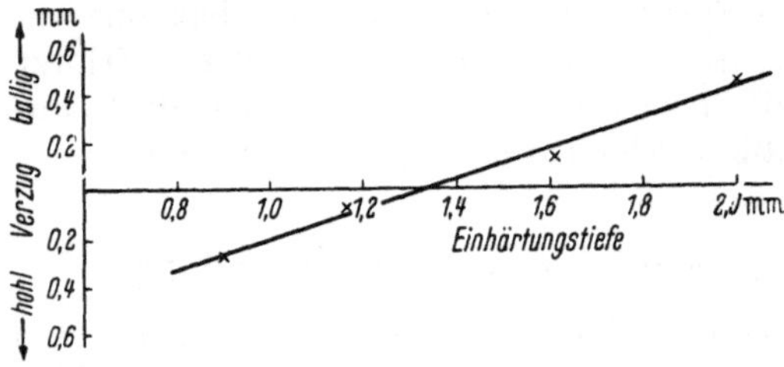

Abb. 87. Verzug einer Stahlleiste (0,45% C) 50×14 mm, 300 mm lang, bei induktiver Vorschubhärtung der 50 mm breiten Fläche

Nur bei ganz einfachen Körpern ist es unter gewissen Voraussetzungen möglich, die Größe der Gesamtspannungen zu berechnen. Bei den meist vielgestaltigen Werkstücken der Praxis muß man versuchen, die Spannungen möglichst gering zu halten und die Formänderungen aus der Beobachtung an gleichen oder ähnlichen Körpern vorher einigermaßen zu erkennen. Allgemein gilt, daß die inneren Spannungen um so größer sind, je größer der Unterschied in den Querschnitten ist. Ganz besonders groß werden die Spannungen an Querschnittsübergängen infolge der dort vorliegenden Kerbwirkung.

Die *Formänderungen* sind als Härteverzug bekannt. Dieser wird sich immer symmetrisch einstellen, wenn vorher eine symmetrische Temperaturverteilung vorgelegen hat. So wird eine Welle beim Abschrecken in Richtung ihrer Achse gerade bleiben. Wird hingegen die Welle parallel zur Oberfläche des Abschreckmittels eingetaucht, so ist die Abkühlung unsymmetrisch. Dementsprechend entsteht kein symmetrischer Spannungszustand und die Welle krümmt sich nach der Seite, die am schnellsten abkühlte. Geringe Formänderungen sind oft belanglos. Sie verschwinden beim Schleifen. Größere müssen durch Richten beseitigt werden.

Innere Spannungen belasten das Werkstück und können es im ungünstigsten Fall zerreißen. Daran ist dann ebensosehr wie die Größe der Spannung die Sprödigkeit des gehärteten Gefüges beteiligt. Dieselbe Spannung, die im Martensit Risse hervorruft, kann für Troostit und Sorbit ungefährlich sein. Auch die Art des Martensits ist wichtig: kornlos feiner Martensit, von niedriger Temperatur gewonnen, ist sehr viel widerstandsfähiger als grobnadeliger, überhitzter. Besonders gefährdet sind Stücke, deren Randschicht im Einsatz überkohlt und gegen den Kern scharf abgegrenzt ist. Beim Härten platzt sie dann leicht vom Kern ab (Schalenriß).

Die inneren Spannungen sind einerseits unangenehm, da man ihr Vorhandensein nur ahnen kann und ihre genaue Größe und Richtung als Zug- oder Druckspannung nicht kennt. So kann bei einer geringen zusätzlichen Belastung eines Werkstücks sich die äußere Spannung einer vorhandenen inneren überlagern und dann bei Zugspannungen zum *Riß* führen. Sind die Spannungen nicht so hoch, so entstehen Formänderungen. Im Laufe der Jahre bauen sich die Spannungen geringfügig ab durch Erschütterungen, Temperaturwechsel o. ä. (*natürliches Altern*). Daraus ergeben sich für Präzisionsgeräte (Endmaße) störende Formänderungen.

Andererseits kann man durch Ausnutzung der inneren Spannungen zur Steigerung der Festigkeit von Bauteilen beitragen. Nach Abschn. 62 entstehen beim Abkühlen in der Randschicht Druckspannungen und nach Abschn. 63 entstehen bei einer Martensitbildung dort ebenfalls Druckspannungen. Danach werden sich bei den Oberflächenhärteverfahren mit Gefügeumwandlung (Einsatzhärten, Flammen-

und Induktionshärtung) in der Randschicht meist Druckspannungen erheblicher Größe einstellen und zum Ausgleich dafür im Inneren entsprechende Zugspannungen. Immer wenn es gelingt, in der Randschicht Druckspannungen zu erzeugen, ist damit eine Erhöhung der Dauerfestigkeit verbunden. Diese Erhöhung mag dadurch erklärt werden, daß bei betriebsmäßig auftretenden Zugspannungen diese zuerst einmal dazu dienen, die vorhandenen Druckspannungen abzubauen. Erst danach tritt eine echte Zugspannung im Bauteil auf. Da aber nur die Zugspannungen über Kerben, Riefen, Einschlüsse o. ä., an denen Spannungsspitzen entstehen, zu einem Dauerbruchansatz führen können, ist es wichtig, die Zugspannungen klein zu halten. Bei allen Bauteilen mit Querbohrungen, Hohlbohrungen und Querschnittsübergängen, die schwingend beansprucht werden (Schwellfestigkeit, Biegewechselfestigkeit, Verdrehwechselfestigkeit, Umlaufbiegefestigkeit) ist es daher ratsam, diese Stellen zu härten.

Bei einer auf das Härten folgenden Zerspanung wird das Spannungsgleichgewicht gestört und es treten Formänderungen ein. Wird z. B. ein Gewinde ins Volle geschliffen, so werden dadurch Druckspannungen beseitigt und die Zugspannungen im Inneren führen zu einer Verkürzung der Zylinderlänge. Da die Störung des Gleichgewichts symmetrisch erfolgt, stellt sich auch eine symmetrische Formänderung ein: der Zylinder bleibt erhalten und es entstehen Steigungsfehler. Wird hingegen eine unsymmetrische Störung vorgenommen, wie es das Einschleifen einer Längsnut darstellt, so ergibt sich auch eine unsymmetrische Formänderung derart, daß die freiwerdenden Zugspannungen an der Nutseite zu einer Verkürzung führen, d. h. zu einem Hohlverzug.

65. Maßnahmen zur Minderung von Formänderungen und Spannungen. Die Ausführungen der Abschn. 62 u. 63 lassen erkennen, daß es ein verzugs*freies* Härten nicht geben kann. Man kann nur danach trachten, verzugs*arm* zu härten. Die Voraussetzungen dazu liegen auf jeder Stufe einer Wärmebehandlung und auch schon vorher während der mechanischen Bearbeitung.

Gestalt des Werkstückes. Schon der Konstrukteur muß auf die Spannungen Rücksicht nehmen, indem er alle plötzlichen Querschnittsänderungen und jeglichen Anlaß zu Kerbwirkungen nach Möglichkeit vermeidet. Es kommt darauf an, eine gute Wärmeleitung zu ermöglichen und das Auftreten großer Temperatur*unterschiede* zu vermeiden. Das gilt vor allem für legierte Stähle. Einfache, wenig gegliederte Teile verziehen sich unter sonst gleichen Umständen geringer, starke Teile werden am günstigsten hohl ausgeführt.

Vorbehandlung. Die Teile müssen spannungsfrei zur Wärmebehandlung angeliefert werden. Durch Schmieden, Biegen, Schruppen usw. entstandene Spannungen müssen vorher durch Spannungsfreiglühen (Abschn. 20) beseitigt werden.

Erhitzen zum Härten muß gleichmäßig geschehen und möglichst an keiner Stelle höher, als zum Härten erforderlich ist. Auch die Schnelligkeit, mit der man erhitzt, hat Einfluß. Es gibt eine bestimmte Geschwindigkeit für jeden Stahl und Querschnitt, bei der die Formänderungen und Spannungen am kleinsten sind. Die Abschrecktemperatur soll nie höher als nötig gewählt werden. Dadurch werden zu hohe Abschreckspannungen vermieden und der Martensit wird feiner. Den großen Einfluß der Härtetemperatur zeigt ein Versuch, bei dem man drei Stahlstücke aus gleicher Stange so oft abschreckte, bis Risse auftraten. Es wurden abgeschreckt: Stück Nr. 1 von 780° 36mal, Nr. 2 von 860° 22mal, Nr. 3 von 960° 8mal. Der Grund für die Überlegenheit des Stückes 1 liegt wohl weniger darin, daß bei 2 und besonders bei 3 größere Abschreckspannungen entstanden sind, als darin, daß der Martensit bei 1 feiner und widerstandsfähiger wurde als bei 2 und 3.

Abschrecken. Es darf nicht schroffer abgeschreckt werden, als es die Härte verlangt: also nicht in eiskaltem Wasser, wenn angewärmtes Wasser, Öl, Petroleum od. dgl. genügt. Je höher der Kohlenstoffgehalt des Stahls ist, um so vorsichtiger muß man abschrecken, weil die Raumvergrößerung des Martensits mit zunehmendem C-Gehalt wächst und dadurch zu größeren Umwandlungsspannungen führt.

Die Anhebung der Temperatur des Abschreckmittels vermindert den Temperaturunterschied beim Abschrecken und damit die Abschreckspannungen. Diese Maßnahme hat jedoch ihre Grenzen, da gleichzeitig die Abkühlgeschwindigkeit gemindert wird. Am wirksamsten ist die Warmbadhärtung (Abschn. 29). Sie verringert durch die Temperaturanhebung des Bades auf mindestens 180° C erheblich die Abschreckspannungen und hat weiter den großen Vorteil, daß Abschreck- und Umwandlungsspannungen nacheinander auftreten (Abb. 50). Die Abschreckspannungen erlebt das Bauteil im austenitischen, also weichen Zustand. Erst nach dem Temperaturausgleich beginnt dann die Martensitumwandlung. Bei dem jetzt noch vorhandenen geringen Temperaturunterschied gegen die Raumtemperatur kühlt das Teil so langsam ab, daß auch der Kern mit der Randschicht Schritt halten kann und keine großen Abkühlspannungen entstehen. Voraussetzung für die Anwendung der Warmbadhärtung ist eine niedrige kritische Abkühlgeschwindigkeit, also ein zumindest schwach legierter Stahl. Die Warmbadhärtung ist das wirksamste Mittel zur Minderung von Härteverzug und Rißgefahr. Ist eine Warmbadhärtung nicht möglich, so kühlt man am zweckmäßigsten mit zwei Geschwindigkeiten, erst schnell und dann langsam, durch Eintauchen in zwei verschiedene Abkühlmittel, z. B. erst in Wasser, dann in Öl (gebrochene Härtung).

Anlassen ist die wichtigste und üblichste Maßnahme, um beim Abschrecken entstandene Spannungen wieder zu beseitigen oder doch so zu verringern, daß sie nicht mehr stören. Während beim Anlassen zum Vergüten die Temperatur immer so hoch ist (oft bis 700°), daß die Spannungen sich ausgleichen (wodurch allerdings auch das Entstehen neuer Spannungen beim Wiederabkühlen möglich wird), muß man beim Härten auf völlige Entspannung verzichten, da man nicht wesentlich über 200° anlassen darf, oft noch darunter bleiben muß. Bei dieser Anlaßtemperatur werden nur die Spitzen der Abschreckspannungen abgebaut. Die Umwandlungsspannungen werden dadurch gemildert, daß sich etwaiger tetragonaler Martensit in den räumlich kleineren kubischen verwandelt (Abschn. 17). Eine wesentliche Aufgabe des Anlassens nach dem Härten besteht in der Beseitigung von Restaustenit. Hierbei tritt neben einer Härtesteigerung eine Raumvergrößerung ein. Um die im Laufe von Jahren durch natürliche Alterung auftretenden Spannungs- und Formänderungen vorwegzunehmen, kann *künstlich gealtert* werden durch Rütteln oder eine langzeitige Anlaßbehandlung (Abschn. 31).

Werkstoff. Die Auswahl des Werkstoffes ist maßgebend für die Größe der Spannungen: je weniger schroff ein Stahl abgeschreckt werden kann, um so geringer werden die Spannungen. Daher sind die Lufthärter am günstigsten und die Ölhärter günstiger als die Wasserhärter; ferner ist ein geringerer C-Gehalt günstiger als ein höherer. Wie weit ein legierter Stahl einem unlegierten vorzuziehen ist, ist eine Frage der Wirtschaftlichkeit. Den höheren Beschaffungskosten der legierten Stähle stehen die Rißgefahr und die infolge starken Verzugs erhöhten Nacharbeitskosten des unlegierten Stahles gegenüber. Bei Bauteilen mit starkem Lohnaufwand (Zahnräder, Klauenkupplungen, Keilwellen usw.) ist ein für Warmbadhärtung geeigneter legierter Stahl immer der wirtschaftlichere Werkstoff.